懷舊黑心食品

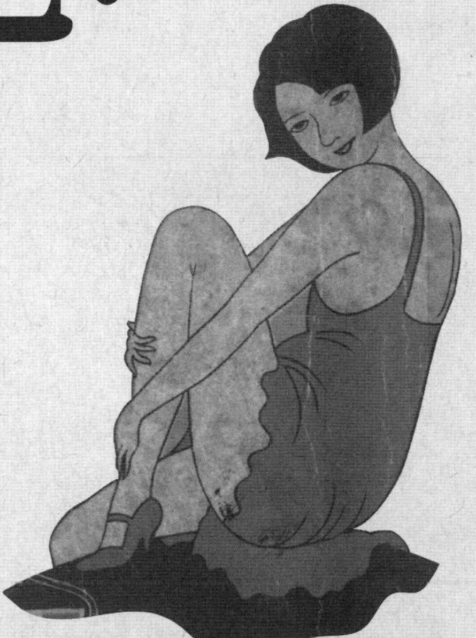

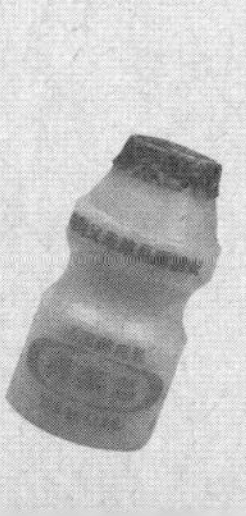

劉志偉 著

懷舊黑心食品

懷舊黑心食品

推薦序

食品、民生與社會的演進史

許輔（行政院食品安全辦公室主任，臺大園藝系教授）

在赴行政院現職服務之前，還在學校擔任蛋頭學者的時候，在下就認識了網路上稱號「鬼王」的志偉兄。當時的背景印象是國內頻繁發生三聚氰胺、塑化劑等所謂「系統性」食安事件的高峰期，鬼王善於利用臉書網路媒體，角度總是嘲諷揶揄，以這樣的反文青式、異類式、顛覆式的筆鋒來描寫敘述故事，往往能夠吸引年輕人閱讀他的文章，增加各界對食農議題的關注度，因此在網路上有廣大的讀友與暴露量。

這冊《懷舊黑心食品》是志偉兄新的力作，當然不改其嘲諷揶揄的文字本色。鬼王特別問我願不願意為他推薦，還特別顧及到我政府人員的立場，表達不必勉強的意思。經過幾天的翻閱，其實這是本介紹及反映戰後到民國七十年代左右，大約四十年間食品、民生與社會的演進歷程。前面幾個章節從傳統醬油為了防止腐敗。添加水楊酸化學品，以及罐頭鏽蝕造成食品汙染、回收食用廢棄油脂再用等事件，鬼王同樣用當年政府人員面對這些問題，保守顢頇的官僚心態作為主軸來敘述，以吸引讀者眼球以及保持閱讀興趣。

在此特別要予以平衡報導，現今食安法的前身《食品衛生管理法》是民國六十四年訂定，在其之前的食安管理確實無法無據。民國七十一年衛生署成立食品衛生處，才逐漸落實食安監管，與負責產業發展的經濟部與農委會，彼此區隔。回顧鬼王對黑心歷史的針貶與指教，我們不宜逃避，反而更應該正面面對、記取教訓，持續投注更大的資源、更大的預算、更重視食品安全。也正是因為心中這樣的想法，我願意推薦這本書，歷史學就是未來學，讓更多人一起反思。

其實書到後半段，從可果美番茄醬、養樂多、泡麵、蘆筍汁的故事，我們可以看到，其實鬼王花了大氣力閱讀資料、蒐集古老照片，實屬不易。如果沒有這本《懷舊黑心食品》，九〇之後的朋友們應該不會知道，除了喝台灣水、吃台灣米之外，伴隨叔叔阿姨們成長的，就是這些回憶起來滿是甜蜜，甚至默默貢獻台灣經濟產業發展的農產品及食品。

我也特別懷念書中提到的英雄人物李秀先生，這點我和鬼王先生一致。李先生在早年就組織台灣的農業和食品國家隊，進軍國際戰果輝煌，也奠定日後台灣經濟發展的基礎。我在擔任食科學會秘書長任內，也曾經手舉辦《李秀先生回憶錄》專書發表會。希望藉此機會，表達對眾多農業前輩先進的敬意。

總結來說，從社會層面檢視台灣成長的歷程，從歷史層面回顧台灣食農產業發展的脈絡，從文學層面觀察鬼王揶揄筆觸的角度，這本書都獨一無二，值得一讀。

推薦序

飲食有歷史，那麼黑心食品呢？

潘靜怡（《自由評論網》主編）

談飲食文化，不能免俗地要用"You are what you eat"來做為開場白。但這本書並非一般談飲食文化，那樣充滿歷史典故、風土人文與匠人技藝……，因此這個開場白就請諸讀者先行刪去，畢竟風雅不存在於劉志偉這位金鼎獎得主、農糧專家與飲食社會學家身上。人稱「鬼王」，談黑心食品恰如其分，再加上近年來耽溺於古物菸斗研究，玩物喪志，談黑心食品的歷史，誰「人」能出其右？當然是「鬼」才有能耐。

說到食安，幾乎年年都有食品摻偽、藥殘超標、食品保存不當的新聞。儘管台灣言論市場向來淺碟，但食安新聞卻是時不時地躍上新聞版面，讓民眾崩潰大呼「到底還有什麼能吃」的同時，提供了各路專家公知在社群網路上的專業與假專業發揮，當然也提供了各種危言聳聽、假消息滋長的養分。在這樣的社會氛圍下，不免讓人懷舊，於是，手做、無添加與媽媽的味道，與安心吃就這樣莫名其妙畫上等號。

不過，食品安全與復古懷舊，姑且留給飲食專家與文人雅士。當初的專欄設立，出發點很簡單，就只是年屆知天命之年的本編那僅存的一點少女叛逆，希望結合兩者再「倒行逆施」，來談懷舊的黑心食品。這種作者人間難尋，當然只好往「鬼界」尋去。

黑心食品並非橫空出世，早期的台灣食品工業並不發達，各地充斥小作坊、小商家。買賣食品不談安全，講的是濃厚的人情味。只是良心從古至今都無法秤斤論兩賣，食品做得再美味也得設法保存。於是一九五〇年代起，便有各種食品違法添加的新聞與官方調查報告。這些「黑心之舉」，有些是惡意，有些是無知。如今回想，小時候在油鍋邊等炸得酥脆的油條起鍋，誰管包裹滾燙油條的報紙或電話黃頁簿用的是不是大豆油墨？即使油條上沾了印刷的黑字也趁熱照吃不誤。當然，誰管那鍋油到底多久沒換過。只能慶幸我們爺奶父母的時代沒有網路，電視報紙不甚普及，才得以讓地方的媽媽爸爸不至於長期處於崩潰狀態。不過這些都還算黑心食品的小打小鬧，套句父母輩從小說到大的「辣撒呷、辣撒肥」，我們吃著吃著，不也就頭好壯壯的長成今天的樣貌了。

回想不過才多久前，當我們嘲笑中國地溝油橫行時，一九八五年台灣的餿水油風暴早已達到「動搖國本」的程度，讓「世風日下，人心不古」這句老話成了諷刺——壞心眼由古至今，不論中外，都是一個樣的。

只是，整本書老談「黑心」實在不夠正能量。作家寫書多少得販賣些時代共感的懷舊氣息、添點不著邊際的垃圾話讓讀者莞爾。而身兼學者與作家，寫書更負有考證研究、傳遞知識的責任——哪怕只是些懂也無用的豆知識。一本書要達到這樣的三合一功能，也只有鬼兄劉志偉才寫得出來。

從包裝上不符合人體工學的火辣模特兒談台灣蘆筍出口的歷史、從咖啡館裡的鶯鶯燕燕談台灣咖啡種植與產業歷史，還有在我輩童年記憶中的養樂多媽媽……，以上這些歷史書寫對年輕的讀者或許難有共感，別擔心，這本書裡還有另類台灣之光「手搖飲」、從零食吃成滷味的王子麵，月光族月底必備的泡麵（儘管現在一堆泡麵賣得比熟食還貴）以及全台審美觀最一致（眼中只有帥哥美女）的美X美早餐店老闆、老闆娘，如果這些食品的崛起歷史對您還是產生不了共感，那您肯定不是台灣人——要推薦書當然得適度情勒一下讀者。

本書付梓前，應鬼兄邀序，他曾來訊詢問是否要將書稿寄給我詳讀？聽「鬼」一番話真是哭笑不得，本書是將自由評論網專欄文章集結編修後完成，每篇文章皆經主編之手，字字細讀，這自然是我允諾寫序的原因，畢竟為自己的專欄作者為文推薦，是我編輯生涯的光榮印記。但更重要的理由，是本書顛覆了許多對於懷舊的美好想像，古人不見得比較善良，食物也非手做無添加才安全，若飲食是門文化，有其歷史演進的過程，當然就不能排除黑心食品。接下來，就請各位讀者先拿掉復古懷舊濾鏡，一起進入時光隧道，看看那些古味盎然的黑心食品史。

作者序

老派超派

二〇二三年十二月三十一日早晨，我如同既往起床先泡杯大熱美後，就坐在書桌前點根菸滑起手機看看新聞瞄瞄FB，但先前某則農場新聞又再度入侵我的腦洞內。記得這則新聞斗大的標題寫著：「FB只剩老人家在用」，年輕人只用IG。更糟糕的是，這則新聞當初發布數個月後又冒出另一則新聞表示，「LINE被嫌棄老人才用」。嗯——沒錯，生物性年齡上我確實是老人，生活作風上也被許多年輕弟弟妹妹視為「老派」。不過，我從不覺得「老」有啥不好，但我也從不認為過往的老事物就是珍貴、質優、歷久不衰、值得重視珍惜的好玩意。就和奇摩與露天拍賣上的許多老物件一樣，老東西不等於好東西，許多老物件到頭來都是些不咋地的爛東西。

記得好幾年前突然流行起「老派約會」的概念。雖然我從未看過那本書，但從網路上轉載節錄與介紹的文字還略能掌握一二。老派約會講述的是亟欲擺脫各種速食、廉價且庸庸碌碌的紛擾，用一種最簡單最純粹、只為彼此而修整衣容、精心打扮的約會型態。但鬼王我當時在乎的從不是和妹子該怎麼約會，而是納悶你的老派到底有多老？是一九八〇年代？七〇年代？《牯嶺街少年殺人事件》講訴的一九六〇年代？還是費雯麗與克拉克・蓋博於一九三九年的《亂世佳人》中所呈現的美國南北戰爭時期？當然啦，鬼王智商應該還算正常、尚未到可領取身心障礙手冊的程度，我也知道知道你講的「老派」只是個抽離時空、去脈絡化的概念，歷史上並沒有任何特定時期的約會型態就是你理想中如同粉紅泡泡般的約會模式。但問題是：為何年輕人總習慣將自己從未經歷的過往古早時代塑造成美好的理想狀態呢？

打從小時候開始，印象中鬼王他爹和他娘三不五時就會強調以前的老歌比較好聽，以前的房屋蓋的比較結實，以前的小孩比較有禮貌，以前的人比較講仁義道德。老人家崇古褒古揚古讚古就如同黃金獵犬遇見素昧平生的陌生人也會搖擺尾巴一樣，從不讓人意外。但神妙的是，近一、二十年當台灣開始鼓吹文創產業後，文青們對於「過往」也開始燃起不可理喻的推崇與嚮往。但凡文創商品中，至少有七、八成是將數十年前的商品符號與圖案直接翻印在筆記本、T恤、文具、月曆與諸多說穿了根本毫無用處的小廢物上；超過一半以上的餐廳走的是所謂的復古風，店面牆上掛的是早期雜貨店的台灣省公賣局菸酒零售商鐵牌、黑松汽水瓶蓋鐵牌和複刻電影海報，店門口通常要放一輛古早寬把手的黑色鐵馬；至於販賣農產、食物與食品的愛農文青，口口聲聲都是「古早味」與「古法製作」。荒謬可笑的是，當蘭嶼要開設第一家小七便利商店時，某位住在台北市木柵的老文青甚至奮不顧身跳出來反對，批判連鎖便利超商代表著資本主義的入侵，只有傳統店面幽暗、貨架經常布滿灰塵且從不打發票的古早柑仔店才能匹配蘭嶼的原始風情，彷彿小七的出現就是對達悟人祖靈的褻瀆。這群人的年齡層跨度雖大，涵蓋二十至六十歲，但對「老派」卻同樣充滿了謎之欽羨與神之嚮往。與此同時，他們卻異常熟稔各類現代3C網路科技產品，總習慣於最能代表全球化的Facebook上宣揚自己反對全球化的理念，三不五時就在電腦鍵盤上敲打出自己有多熱愛手寫書信、手寫明信片的懷舊文句，平時幾乎從不買菜做飯卻能對你說傳統菜市場有多生猛富人情味，只要離開都會區在中南部縣市吃到的菜餚必定都說這是阿嬤的味道與正宗古早味。

然而，面對這一拖拉庫的老派論述，我們還真不知要站在認同的一方還是它的對立面。就好比只講毒性不講劑量，就是耍流氓。我們從不知道老派論述的老，到底有多老？即使定義出特定的時間點，多數人同樣不知道當時社會發展的實際狀況究竟長啥樣？

就拿最常見的古早味紅茶來說好了。一九七〇年代西餐廳開始興起，附餐紅茶用的是立頓茶包。至今多數西餐廳仍舊使用茶包，只不過可能改用看起來比較高級且據說曾受到英國皇室認證的 Twinings 唐寧茶包。一九八〇年代台式早餐店出現後，早餐店迄今使用的均是加了決明子炒製的咖啡紅茶。而一九五〇、六〇年代台灣農林公司出品的「仙女紅茶」雖然是以台灣本產的阿薩姆紅茶為基底，但當時許多商家購入後會添加部分綠茶混合調製，成為獨門的特調配方，再沖泡成清涼的冰紅茶販售。如今這十多年來自從俗稱「蜜香紅茶」的台茶十八號出現後，許多茶廠紛紛又以採用紅茶製程的手法，將金萱和烏龍製作成帶有紅茶香氣的金萱紅茶與烏龍紅茶。上述各種紅茶出現的時期不同，味道也大相逕庭，請問所謂的「古早味紅茶」到底是上述哪種紅茶？鬼王就問：古早味紅茶所指涉的的古早味到底是啥味？既然討論化學不講劑量就是耍流氓，那麼動不動就講老派、論古早、說傳統，卻從不定義精確時間點的人不就超派嗎？！

如同中國大陸許多古裝劇，劇情雖設定為古代，但時空背景卻是架空的。觀眾只看到演員穿著古代的衣服，言行舉止模仿古人的模樣，但永遠不知道劇中人物到底是活在漢朝、唐朝還是宋朝。文青老派的「老」也讓人摸不著究竟是猴年馬月，況且這一百年來可說是台灣變遷最快的年代，稍稍差個十年、二十年，社會光景就會出現天翻地覆的變化。然而，就算能抓住概括的時間點，這群老派文青對當時的社會實況也從未用心地探究理解。就如同某些有機農業魔人總愛宣稱，早期阿公阿嬤年代都採用有機農法，當時農村可說是呈現一片作物天然、生態完美的大好情勢。不過，日據時代一九三四年的調查卻顯示，隨著日人引進化學肥料、推動台灣農業經濟的商品化與市場化，當時農家肥料的自給率（即使用自製有機堆肥的比率）已下降至百分之三十四點二一（稻農）、百分之二十一點四十（蔗農）。換句話說，稻農所施用的肥料中高達百分之六十五點七九為化肥，蔗農則為百分之七十八點六十。而戰後隨著美援肥料源源不絕到來，台灣農民使用化肥的比率則是有增無減。簡言之，老派有機農業文青所建構的傳統農業歷史情境，根本就只是道聽途說的鬼扯罷了。所謂的「歷史」可以配合他們自身目的而隨意揑造，還真的是超派。

老派文青熱愛架空歷史、罔顧真實的態度，讓他們自身變得和喜愛講古的老人家差不多。但老人家講古，講的好歹是自己親身經歷的過往，老派文青談論的卻多是自己連胚胎都未形成的時代。而當社會發生一連串食安事件後，文青對古早味、古法、老派的偏好可說是每天愛你多一些，其浪漫化、純淨化與唯美化自己所幻想的「老派」、「過往」的程度則是與日俱增。

二〇〇八年爆發三聚氰胺事件，二〇一一年則有塑化劑事件、二〇一三年「大統長基特級橄欖油」遭檢舉添加「銅葉綠素」，二〇一四年又出現強冠黑心豬油案與頂新油案。一連串的食安風暴搞的人心惶惶。二〇一六年總統大選前的民調顯示，食安問題成為當時民眾最關切的社會議題，重視程度遠高於經濟發展與兩岸情勢。文青輿論開始將這一切導因於資本財團的惡毒，認為他們為追求利潤最大化，所以罔顧食安與企業社會責任。於是乎，一種對古早小作坊、小加工廠與家庭式手作食品的追求氛圍開始湧現。與此同時，對工業化生產線製造之加工食品的厭惡也油然而生。文青輿論創造出的觀點清一色認定古早人比較有良心，古早家庭小作坊的商業模式都是賣給附近熟識的鄰居與老顧客，所以絕對不敢亂來，更不可能在食安上動手腳；古早食品比較乾淨衛生、沒有添加物、少了人工香料與味精，最接近食物的純粹原味。

不過，如果單憑良心就能保障台灣食安，衛福部食藥署乾脆自廢武功，直接讓慈濟功德會或佛光山接手即可。文青瞎扯歷史、總以為過去都美好就算了，對我們的國民品質顯然又過於高估。可惜的是，其實過去台灣的食安史還真是慘不忍睹。一九五〇年代爆發大規模的醬油添加非法防腐劑與色素事件，食品罐頭被查驗出防腐劑、重金屬與非法糖精。當我們鄙夷對岸的地溝油時，卻不知道早在一九七〇年代台灣就出現大規模的「餿水油」。三鹿奶粉內含三聚氫氨事件曾讓台灣人感嘆大陸人心之惡毒，但一九八〇年代台灣的S-95奶粉直接將工業用與飼料用奶粉當成嬰兒奶粉販售，誇張程度還真不遑多讓。老派真的有比較好嗎？NO！過去台灣充斥各種並未合法登記的食品小作坊、地下工廠（現在仍舊如此），他們幹起傷天害理的勾當時從不手軟。醬油可以出現A貨，番茄醬玻璃瓶可以回收作假，連蘆筍汁和黑松汽水都能仿冒。但老派文青自己不懂不打緊，還到處宣稱傳統小作坊才是我們食安的保證，真的是超派。

老派文青一味宣揚老的好、古的好、小的好，也因此他們必然會鄙夷工業化流水線所生產的加工食品。鬼王不解的是，工業化產品到底哪裡惹到你了？工業化產品雖沒啥好，但也沒啥不好啊！如果沒有食品工業的支撐，製作穩定的蛋餅皮、漢堡麵包、可頌麵包、培根肉與鐵板麵等加工食材，台灣能創造出全球獨一無二的台式早餐店嗎？如果沒有傳培梅這樣的烹飪大師願意協助研發，台灣能在一九八三年誕生橫空出世的統一滿漢大餐嗎？如今台灣人總會為自家的珍珠奶茶暢行全球而驕傲，但多數人可能不知道台灣還有專門煮珍珠的工廠。透過工廠專業化的烹煮流程，珍珠品質才能穩定，之後再空運出口至日本、美國與歐洲，台灣珍奶因此能在海外揚眉吐氣。真正拿得上檯面且與多數人日常飲食生活密切相關的加工食品不談，整天只崇尚探索各種據說只有在地人才知道的食物，老派文青真的超派。

當然啦，面對超派的老派，鬼王仍舊得維持該有的派頭，因此將過去許多曾在《自由評論網》發表過文章集結成冊出版。首先要感謝《自由評論網》主編潘靜怡小姐，早在二〇一五年時她就邀請鬼王開設專欄。當時雖有其他媒體同時邀約開設專欄，但媒體人嘛，你們也知道，總以為自己很大很屌，認為我向你邀稿是你的榮幸，我能讓你上報紙上電視，你就該額手稱慶。然而，儘管其他媒體態度還滿高傲的，但潘主編卻未如此。連千毅對買家有多囂張，潘主編就對作者有多謙遜，而且她完全不干涉作者寫作的主題與內容。因此，鬼王這幾年均將文章投稿至《自由評論網》。同樣也是透過她的介紹，才得以認識本書龍傑娣總編，在此感謝她為本書所付出的辛勞。可惜的是，自從《自由時報》基於扣死當考量、不再提供稿費給專欄作者後，我的寫作動力也立即衰退。另外，本書咖啡章節所使用的照片，歸功於高中同學林民昌協助獲取。同時要感謝君君與珣之協助校稿，本書幾乎所有的圖片也都由君君協助修整。

最後還是要交代一下，正因為君君整天玩狗對著黃金矮哩與杜賓巴帝不斷喊超派──超派──，才讓鬼王想到序言的標題。

1

吃醬油治香港腳

1

雖說小學課本總愛自誇寶島台灣四季如春，但大家都心知肚明，台灣的天氣時常出現讓人生無可戀的炙熱狀態。每年七、八、九月的酷暑害得大家吃不好、睡不好也就罷了，但到十一、十二月我們看著國際新聞報導歐洲或日本北海道出現冰雪暴時，身上可能都還穿著T恤。正因為台灣高溫濕熱的天氣創造出適合各類病菌、細菌與黴菌滋生的溫床，使得香港腳成為許多台灣成年男子的夢魘。同樣的，如何讓食品保質、不因病黴菌的滋生而出現腐敗現象，也成為全台灣所有食品製作與加工業者必須面臨的挑戰。但感染香港腳和食品保質這兩件看起來沒啥毛線關係的事，卻在戰後台灣第一起震驚各界的黑心食品事件中意外相遇，而整起事件則肇因於，戰後初期台灣的醬油生產者大規模添加防腐劑所致。

話說一九五四年時，某位台灣省議員曾就市售食品的衛生安全問題，質詢當時的台灣省政府衛生處。由於此議員本身是法律系畢業，非常懂得法律規章的重要性，質詢起來也就特別有底氣。當時他就拿著相關食品衛生規範，質詢衛生處是否做好嚴格查驗的工作、善盡保護民眾食安的職責。不過，衛生處雖同時監管醫藥、健康衛生與食品安全等業務，但光是處理醫藥與民眾健康問題就已忙不開身，所以從來也沒花過任何心思在食安業務上。換句話說，雖然主管單位已頒布相關食品規範，也僅是徒具形式，毫無任何實質功能。而面對議員咄咄逼人的質詢，出來應對的衛生處官員可以說是處於防線失守，被徹底碾壓的狀態。

被議員剮了一頓之後，衛生單位不得不做點事應付一下，因此決定抽驗市售醬油，看看裡面是否存在著不該存在的病黴菌，或添加了些不該添加的玩意兒。既然要做樣子，當然得做滿做好，台灣省衛生試驗所為此還添購儀器設備。此外，礙於檢驗人力不足，衛生試驗所也特別委託某位大學教授帶著研究生負責協助檢驗工作。人力、物力都備足後，就要開始準備醬油樣品了。由於當時台灣省政府仍設置在台北市內，尚未遷到南投中興新村，因此台灣省衛生試驗所就在台北市面上購買了五十個品牌的醬油。

講到這，或許讀者會嚇一跳：為何醬油品牌這麼多？其實釀製醬油的技術門檻並不高，只要購足原料、擁有適當的場地，即可自行釀製。早期連《豐年》半月刊都曾刊文指導醬油釀製的方法與步驟，鼓勵民眾在家自行釀製。醬油可說是中國人的偉大發明，早在《詩經》已出現關於醬油的記載，它也是中式料理不可或缺的調料之一。不管是入菜或當蘸醬，醬油都散發出一股讓人無法抗拒的獨特鮮味，而醬油產生鮮味的秘訣則在於醞釀數月的發酵過程。醬油釀製的原理就是將含有蛋白質的原料（如肉泥、黃豆、黑豆）加入麴菌發酵，在發酵的過程中，蛋白質會分解成產生鮮味的氨基酸。正因為醬油富含氨基酸，它本身也是極易滋養病黴菌的溫床。老祖先們為防止醬油腐敗酸化，因此在醬油內添加了高濃度的鹽。當病黴菌細胞處於高濃度鹽水內，細胞就會破裂脫水而難以存活，這也是醃製食品可保長年不壞的原因之一。據說早期政府抽驗醬油的結果顯示，鹽分含量都高達百分之十七。看來老祖先們下鹽可說都下重手，擺明了寧願鹹死自己、也不讓病黴菌苟活的剛烈態度。

雖說鹽巴能發揮防腐的功能，但鹽巴也是要用錢買的。或許傳統農家自釀醬油不太會計較這幾塊錢，只需考慮醬油的鹹度是否合乎自家口味。但對醬油廠商來說，他們做的是生意、不是功德，當然得講究成本損益。鹽巴若能少放點，當然就少放點。但醬油鹽分降低了，防腐功能就隨之下降。原本能在貨架上能存放至少一、兩年慢慢賣的醬油，保存期限突然間只剩不到幾個月，醬油可說是中式料理不可或缺的調料之一，由於鹽分高，所以醃製食品也如同這道家常小菜食譜所言，添加醬油後，「可以存放幾天不會壞」。

豐　年　第十四卷　第一期

家常小菜

麵粉二碗，鷄蛋三個，水一碗，蘿蔔乾二條（切成細塊），醬油四湯匙，蝦米五角，混和均勻，煎成一大塊，備用，可以存放幾天不會壞。吃時切成小塊再煎，或加調味品泡成湯都可以。（雄）

自製醬油的技術含量不高，差別僅在於香醇與否。1954 年爆發多數市售醬油均添加違法防腐劑事件後，《豐年》半月刊因此刊登自製醬油的食譜，還強調自製醬油不添加防腐劑，省錢又健康。

第五卷　第廿二期

替村家庭

自製醬油與醬菜

吳文華

醬油爲日常生活不可少之烹飪主要調味原料，市上出售的醬油，因加有防腐劑對身體有害，如我們自已來做，不但沒有受毒的危險，還可儉省很多的錢，並得到眞正鮮美的原味醬油，何樂而不爲？茲將製法列後。

選豆：黃豆十斤，先將壞的豆粒、雜物、砂石及泥土等剔出，洗淨，用冷水泡之，泡時水和黃豆平，水不能太多，否則有損製成品。

煮豆：待黃豆漲大，水恰完全被吸收乾後放鍋內用大火煮開，一滾後改用慢火燜爛，晾在篩子上，攤開晾乾，直到用手抓起放開，粒粒乾爽毫無水氣時。

霉豆：用稻草（預先洗淨晒乾）蓋在上面，放在乾燥清潔之架子上，任他生霉。過三四天，黃豆上面已生出一層黃霉，味很香，用筷子翻轉一次，再霉三四天，七天後就霉透了，除去稻草，在烈日下晒三四天等，完全沒有霉味。

晒製：用鹽二斤，放在約可沒透黃豆的水內，煮化凉透倒入黃豆內，用筷子攪成糊狀，蓋緊，等一二天後，再倒在大口的缸裏，日晒夜露，時常攪和約三四十天顏色漸變紅而成紫黑色乾醬。

加色：這時醬已成功，但顏色往往不及市上出售的紅潤，可用砂糖半斤，在鍋內熬焦成糖色，然後加鹽及冷開水，和勻可以增加顏色美觀，以後仍晒於日中。

抽油：醬晒到這時可以開始提取醬油了，取時用一竹製篾簍，坐在醬中間，高出醬外二寸，醬油自然滲入竹簍內，用湯匙或勺子提取鮮美原味醬油。每次提取醬油後，應加入等量的鹽水，不使醬太濃厚，同時切忌雨水浸入，鹽可多而不能淡，否則醬油會酸的。

醬蘿蔔、黃瓜、生薑、大頭菜之類都是佐粥小菜，如果你做了上面的醬油，那麽也可做些醬菜隨時吃用了。醬菜的製法很簡單，將新鮮瓜菜買來洗淨，晒太陽下，萎縮後放入醬內醃七八天卽可吃了，不過做醬菜的醬應另外放在一個罈中，專爲醬菜之用。

保持餅乾的香脆

文峯

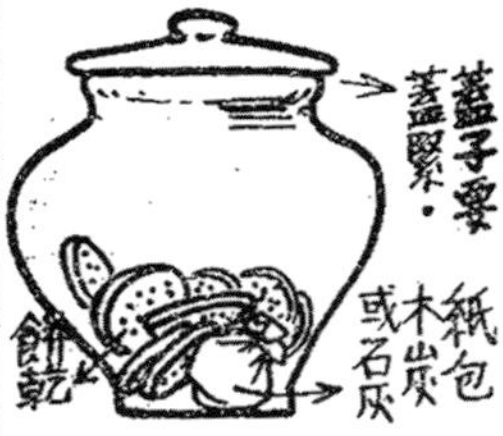

餅乾常常因爲放置幾天就變軟了，這裡告訴你一個好方法。就是用報紙包幾塊木炭，放在你要收藏餅乾的大口瓶或瓦罐裡，上面再蓋一層紙，那麽餅乾放在裡面就可常保香脆了！如用石灰代替木炭也可防潮的，這是因爲木炭與石灰都有吸收水份的效能。

這對商家無異是項損失。但若要防止病黴菌的滋生，除了要改善工廠的生產環境、符合安全衛生的標準，同時要提高封瓶技術。戰後初期臺灣仍舊處於落後的農業社會，沒啥工業可言，唯一能搞的就是簡單的初級農產與食品加工業，因此各地都有為數不少的小作坊與家庭工廠投入醬油生產。若奢望這些地下工廠有能力改善生產環境衛生與裝瓶技術，難度就如同期待四十歲以後的男人剩下的不只是一張嘴。

至於戰後初期全台究竟有多少家醬油工廠呢？很抱歉，當時政府從來沒有詳查統計。鬼王我只能從報刊上蒐集到零散不整的各縣市數據：基隆二十五家，桃園五十餘家，苗栗五十餘家，台中上百家，彰化八十餘家，雲林一百四十七家，嘉義五十餘家，台南上百家，高雄一百五十五家，屏東四十家，台東十家，澎湖七家。上面這些縣市的醬油工廠數，加起來就至少超過八百一十四家，若將台北市、台北縣、新竹、南投、基隆與花蓮的數據推估納入，全台醬油工廠總數絕對超過一千家！

雖說各縣市都充斥著為數眾多的醬油工廠，但大部分產品都僅在當地流通。而且他們賣醬油的方式就和早期米店一樣，會由店員親自送貨到府，主婦再和店家月結即可。僅有少數品牌醬油能做到跨縣市、甚至全台流通的規模。因此，台灣省衛生試驗所在台北市購買到的五十種醬油，除了有北部地區的在地品牌外，還包括少數流通全省的醬油品牌。

當官的最怕出事，要避免出事最好的方法就是不做事。但是當省議員都關切起食品安全衛生議題了，台灣省衛生試驗所只好做點事，悶著頭抽驗醬油。果然，這下子驗下去果真出事。五十種醬油中，其中有三十七種就被驗出含有違法防腐劑。事隔近七十年後，儘管這些違規醬油早已停產消失，但這違規名單仍舊值得我們好好研讀一下，只因為某些品牌的名稱實在是太有創意了，感覺起來腦洞開得特別大：「鮮大王A字」、「好家庭」、「好朋友」、「圓滿」、「朝日牌高級醬油」、「鮮霸王鮮醬油」、「飛燕牌」兩種、「雙喜」、「萬壽」、「千福」、「龜甲星」、「鬼女神牌原味液」、「富貴」、「東洋」、「月兔牌」、「味素液」、「天豐」、「八一四」、「新味」、「天廚」、「蘑菰鮮汁」、「鮮汁醬油」、「愛字」、「雙美人牌」、「美味」、「萬泉春」、「津芳」、「長塔」、「蕃頭釀製醬油」。那廠商使用的違法防腐劑為何？就是常用於香港腳用藥的水楊酸！由於水楊酸對微生物有抗菌性，具備著防腐力。此外，水楊酸又具有角質溶解作用，亦可抑制真菌生長，因此經常被用於香港腳用藥內。另一方面，水楊酸又具備極佳的防腐功能，所以常使用於化妝品與工業產品上。但若人體長期食用含有水楊酸成分的食品，則會嚴重損害肝臟或腎臟。換句話說，整起黑心醬油事件於此出現了讓人哭笑不得的偶然性。由於台灣氣候高溫濕熱，所以許多人極易因黴菌感染而罹患香港腳。同樣也因為濕熱的環境，加工食品容易出現腐敗的狀況。這些黑心醬油廠商使用的工業用防腐劑水楊酸，竟然正巧是治療香港腳的靈丹妙藥！

抽驗五十件醬油就有三十七件不合格，百分之八十四的違規率實在高得嚇人，若直接公告社會大眾，必定馬上引起恐慌。為避免社會衝擊，台灣省政府衛生處因此決定低調行事，私下個別通知廠商，要求其改善。因此於一九五四年十月份時，當時媒體曾刊載了一篇不起眼的新聞，說明台灣省政府衛生處發函要求醬油同業公會，「為體念商艱，及本省氣候特殊之故」，因此「暫准摻入苯甲酸鈉或對輕苯甲酸之乙酯、丙酯或丁酯等為防腐劑」，但不准用水楊酸。看來衛生單位顯然希望事情到此為止就好，慢慢地讓大事化小、小事化無。至於日後是否還會積極嚴格取

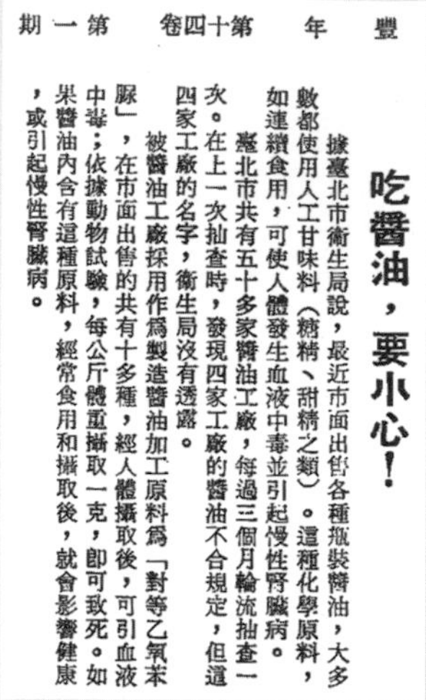

豐年　第十四卷　第一期

吃醬油，要小心！

據臺北市衛生局說，最近市面出售各種瓶裝醬油，大多數都使用人工甘味料（糖精、甜精之類）。這種化學原料，如連續食用，可使人體發生血液中毒並引起慢性腎臟病。

臺北市共有五十多家醬油工廠，每過三個月輪流抽查一次。在上一次抽查時，發現四家工廠的醬油不合規定，但這四家工廠的名字，衛生局沒有透露。

被醬油工廠採用作爲製造醬油加工原料爲「對等乙氧苯脲」，在市面出售的共有十多種，經人體攝取後，可引血液中毒；依據動物試驗，每公斤體重攝取一克，即可致死。如果醬油內含有這種原料，經常食用和攝取後，就會影響健康，或引起慢性腎臟病。

市售醬油使用不法添加物事件於 1954 年爆發後，其實直到 1964 年仍不時發生。但大腦結構異於常人的政府官員為了避免民眾恐慌，依舊不太願意透露廠商名稱。

醬油問題不僅是添加非法的防腐劑與糖精，後來更出現了「有毒色素」。

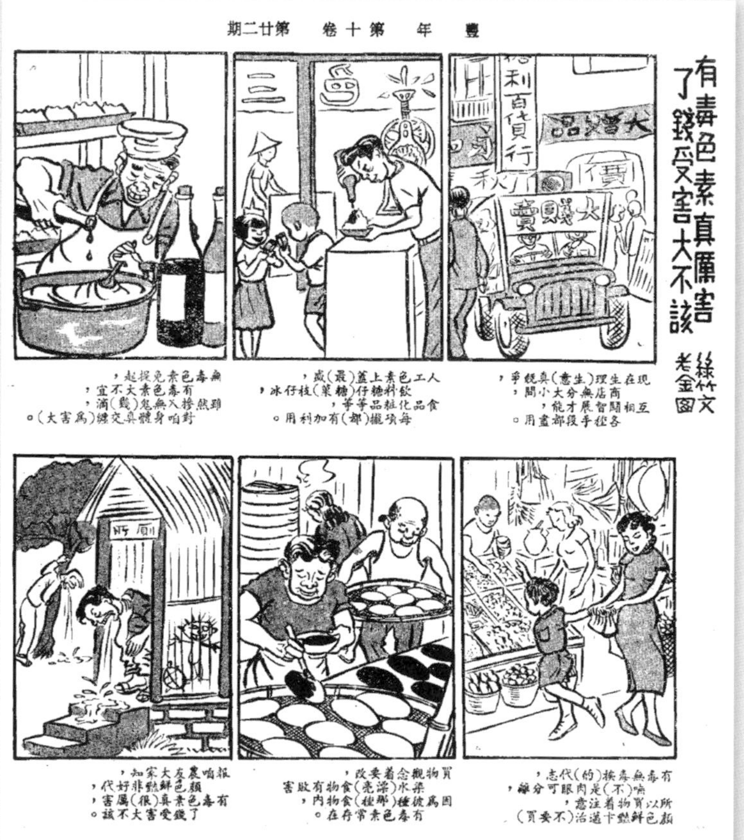

締、查緝辦理，似乎也不重要了。不過，衙門內許多情事之所以爆發、無法繼續瞞下去，時常都讓人覺得背後充滿喜劇與鬧劇的成分。

前面說過，由於台灣省衛生試驗所自身人力不足，因此將醬油的檢驗工作委辦給一位大學老師。按理來說，這位老師就乖乖收錢辦事即可。但這位老兄不知道是社會正義感太強，還是升等論文不足的緣故，居然將其協助台灣省衛生試驗所做的檢驗結果改寫成學術論文，還喜孜孜地拿去學術研討會上發表。湊巧的是，學術研討會的聽眾中還有位記者在場，於是衛生處抽驗五十個品牌醬油中居然有三十七個含有防腐劑水楊酸的消息就被報導出來。由於媒體尚未得知違規品牌名單，只能報導水楊酸會傷害人體腎臟健康。突然間，地方媽媽都著急得快哭了，深怕買錯醬油搞到自家男人腎臟出問題。由於民眾不知道究竟什麼醬油可以吃，整個社會更是人心惶惶。在社會輿論的壓力下，台灣省政府衛生處只好向社會大眾公布檢驗結果，以及其中合格、違規的廠商名單。

然而，台灣省衛生處公布抽檢醬油的名單後，輿論卻未平息，整件事反而像是偶像男星被女友爆料從事多人運動後，事情越滾越大。雖說省衛生處已公布五十個品牌的檢驗結果，但問題在於：這些只是流通於台北的醬油品牌。台灣各縣市的醬油工廠至少超過一千家以上，另外其他縣市至少九百五十家工廠生產的醬油品質又是如何？其次，不合格的醬油該如何處理？難道讓它們繼續在市面上流通販售？

為了讓各縣市民眾安心安靜不吵鬧，台灣省政府衛生處只好因此責成各縣市政府衛生單位

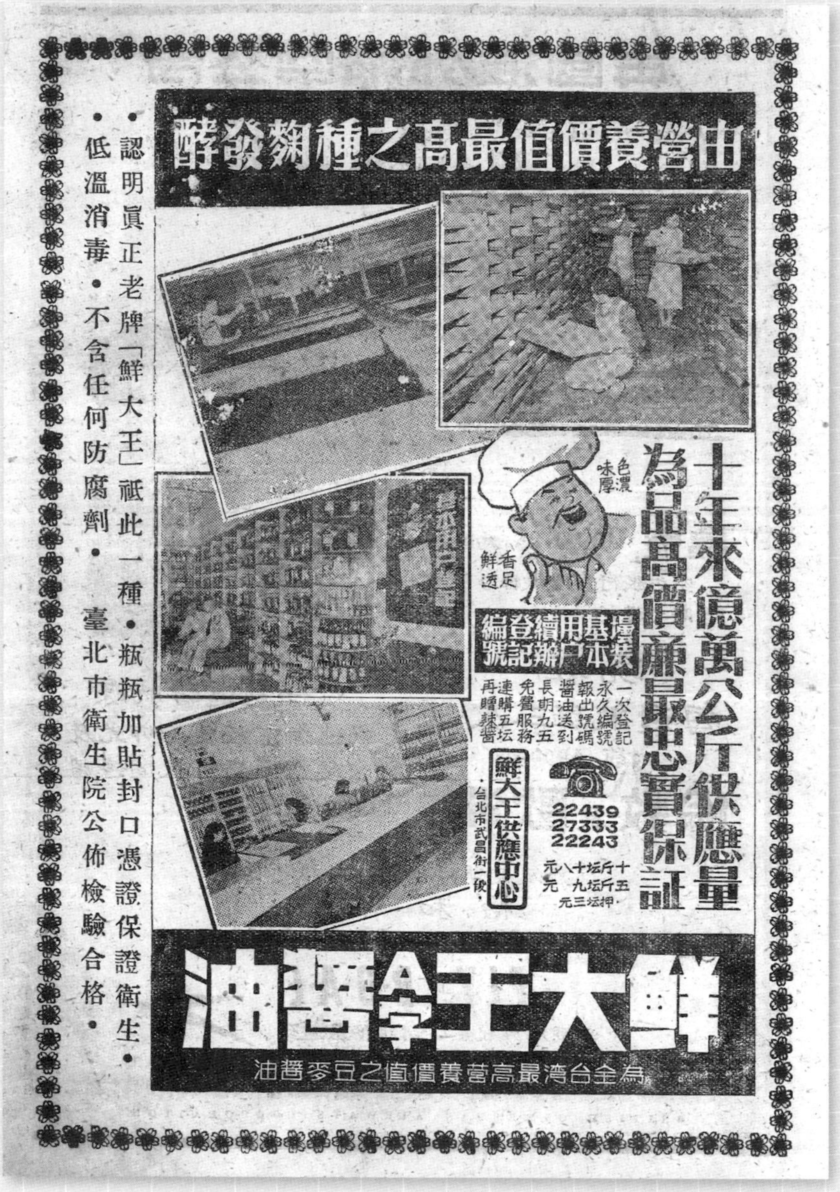

「鮮大王 A 字醬油」是 1950 年代少數安全合格的高級貨。醬油事件爆發後，市面上馬上就出現盜版的山寨品。鮮大王不得不在醬油瓶口加貼「封口憑證」，保證顧客買到的是正廠的原裝貨。

（當時編制為「衛生院」），進行全面性的醬油檢驗工作。但收到上級單位命令的地方政府，直覺千萬匹草泥馬在內心奔騰，地方政府也弄不清楚自己管轄的縣市到底有幾家醬油工廠啊！他們只好窮盡一切心力，上街將市面上販售的醬油全部買回來，報紙才開始出現各縣市醬油工廠數的零散數據。但可以確定的是，實際數量絕對遠遠超過衙門掌握到的數據。

正當各地方政府進行大規模的普查時，其他光怪陸離的現象因此陸續被揭露。例如，苗栗縣政府就發現，當地的醬油工廠實際超過五十家，但登記在案的僅有二家，其中還有三家工廠是專門生產仿冒品，也就是其他知名醬油品牌的A貨。與此同時，許多廠商則迅速回收自己的產品，重新貼標上市，而新標籤上還特別印有「保證不含防腐劑」幾個大字。

依常理推斷，地方政府將醬油買回來後就該進行檢驗工作了。此時鬼扯的事又再度發生：多數地方政府根本沒有檢驗設備，即便是有檢驗設備的高雄縣，專業的檢驗人員也嚴重不足。依據那些缺乏檢驗設備之地方政府的說法，他們會將收集到的樣本送到位於台北的台灣省衛生試驗所檢驗。至於擁有設備的高雄縣政府則誠實表示，他們人手不夠，每天只能化驗兩種醬油。因此，全縣一百五十五種醬油得花兩個半月以上的時間才能檢驗完畢。

此時問題又來了：公務人員可以慢慢耗幾個月，但地方媽媽根本等不及啊，家人的健康要顧，老公的腎臟更要顧啊。當時民間社會就普遍笑傳，這是全台灣多數丈夫感到開心放鬆的時刻。由於老婆們整天都在關心究竟該買啥牌醬油，其心思終於從整天挑剔埋怨丈夫的身上轉移到了醬油上。就當社會各界焦急等待地方政府公布名單時，奸巧的黑心醬油廠商馬上創造出新的話早在半個多世紀以前，報刊媒體就會刊載教導讀者如何分辨各種食物、食品真假、優劣的短文了，與現在網路上動不動就流傳教你如何判定蜂蜜真假、如何分辨台灣洋蔥與進口洋蔥的差異，實在沒啥區別。

第四卷　第廿一期

醬油品質優劣的辨別法　（西）

醬油雖不像米那樣可以煮飯，菜那樣可以佐餐；但是它在調味上，是佔有非常重要的地位的。

醬油品質的優劣對於調味是有密切關係的；若用劣等醬油調味，不管山珍海味烹調後，色、香、味一定都很難令人滿意，爲了一個美滿而愉快的家庭生活；站在替家庭經濟打算的立場，減少經濟損失與瑣事的煩腦，在增加食物滋味，引起烹調研究興趣的前題下，我將醬油品質優劣的辨別方法告訴諸位主婦。很簡單的略述如下。

（一）黏滯性：好的醬油是有黏滯性的，試倒少許醬油在盤子或碟子裡面；然後斜轉幾次，聽憑牠自行流動。倘使流動的速度不太快便是上等醬油；如果速度太快，一點也沒有黏滯性，便是劣等醬油。但速度流動太慢，甚至於難以流動，那麼黏滯性過分大了，品質也不是好的。

（二）香氣：我們把醬油倒出來的時候，若氣味芳香，令人快感，則爲好醬油無疑。倒出來的時候，若直接有臭味或黴，焦，甜等不是原來應有的氣味，便是劣等醬油。

（三）顏色：好的醬油是褐色，滴少許在磁碟子裡面便現出紅褐色。壞的醬油是黃褐色；或青色，裝在玻璃瓶子裡面，拿到太陽光線下透視，若毫無夾雜物，便是優等醬油了。可是如果見到許多不純物質混雜在其中，那麼就不是上等醬油了。

（四）風味。醬油優劣好壞的風味，用舌尖也可辨別出來，鹹甜適合，沒有辛味或苦味的，便是好醬油，否則便是壞醬油了。

主婦們！上面已經把醬油品質優劣的辨別法告訴妳們了。如果妳不相信又而不怕麻煩的話（其實並不麻煩）。不妨用妳們的手去試驗醬油的黏滯性，用鼻去嗅聞醬油的香氣，用眼睛去觀察醬油的顏色，舌尖去嚐醬油的風味。經這樣試驗的結果，我可保證醬油品質是否優良立見分曉，那麼你就不會上狡滑商人的當了！

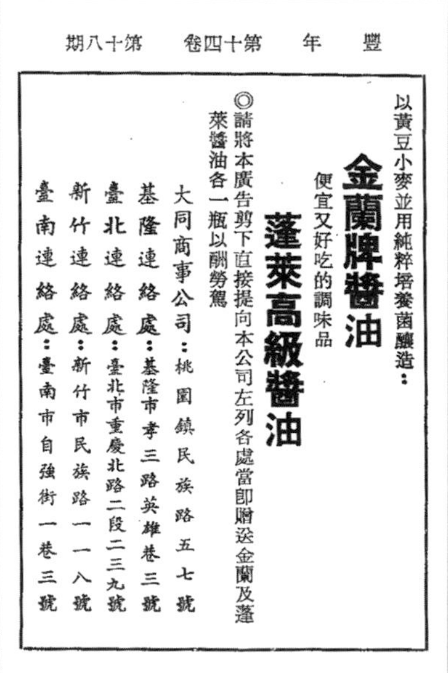

豐年　第十四卷　第十八期

以黃豆小麥並用純粹培養菌釀造：

金蘭牌醬油

便宜又好吃的調味品

蓬萊高級醬油

◎請將本廣告剪下直接提向本公司左列各處當即贈送金蘭及蓬萊醬油各一瓶以酬勞駕

大同商事公司：桃園鎮民族路五七號
基隆連絡處：基隆市孝三路英雄巷三號
臺北連絡處：臺北市重慶北路二段二三九號
新竹連絡處：新竹市民族路一一八號
臺南連絡處：臺南市自強街一巷三號

金蘭醬油是台灣的老字號醬油品牌。但其公司名稱原為「大同商事股份有限公司」，直到1970年才改名為「金蘭醬油食品股份有限公司」。

術，教導家庭主婦選購優質醬油的訣竅。他們紛紛宣稱，摻有防腐劑的有毒醬油裡面一定會有氣體，所以打開蓋子時就像開汽水一樣會出現「ＢＯ」的一聲。還有一些地方雜貨店調高那些已確定無毒之醬油品牌的售價，增加幅度約四毛錢，而多數醬油原先的價格卻僅為八毛或一塊錢。其漲幅之大，讓地方媽媽更是苦不堪言。

慢慢等待檢驗結果實在不是個辦法，為了展現政府查緝的決心，因此各地開始將市面上的違規醬油沒收，決定模仿百年前林則徐燒鴉片的大秀。一九五五年六月二十日，台北市政府衛生院就會同警察局和省政府衛生處，將其依法沒收共計十六萬五千公斤的違規醬油，全部於淡水河口第五號水門處公開傾倒進淡水河內。古代短兵相接常有血流成河之慘狀，但二十世紀中台灣則出現醬油成河的怪狀。就當台北市率先表演倒醬油大秀後，其他縣市也紛紛仿效。台南縣政府將醬油倒入安平港口，桃園縣政府則是在檜溪橋下將醬油倒入南崁溪內。至於澎湖縣由於其獨特優越的地理位置，所以玩的檔次就高出許多，不再是小鼻子小眼睛的溪流河川。他們的做法是直接在澎湖第一碼頭舉辦公開儀式，將醬油全部倒入大海內。另外，各地方衛生單位則發函給該縣的醬油工業同業公會，希望其擬定「醬油生產自律公約」，要求公會成員確實遵守。但明眼人也看得出來，要求業者自律其實就意謂著行政單位的無能。政府自己管不好，就只能要求業主自主管理。反正若要出事了，就都是業者與同業公會的錯。

當檢驗結果陸續出來後，各地檢調單位立即對違規業者提起告訴。然而，就在法院開庭審理時，又出現了大混戰。原來是日據時代當時相關法規容許水楊酸作為食品防腐劑。先前一九五五年六月二十日台灣省公賣局長就公開表示：「在日據時期，日本藥典中規定在台灣及琉球兩地可以使用水楊酸為防腐劑，但該局已從四十年起不用水楊酸」。為何日本殖民母國會允許台灣與琉球使用水楊酸為防腐劑，卻禁止日本本土使用。其中所隱藏的惡劣心態，我們暫且不論。但公賣局長的談話則說明了，許多醬油廠商認為水楊酸是合法添加物。但對國民政府而言，當時還在南京的中央政府行政院衛生部於一九四八年三月二十九日所頒布的〈飲食物防腐劑取締規則〉就已明訂，任何食物都不能使用水楊酸作為防腐劑。不過，此時醬油界業者又有話說了，〈飲食物防腐劑取締規則〉第八條載明，該規則的施行日期及地方以部令定之。但直至一九五五年時，似乎中央政府也沒頒布任何命令明訂台灣應當〈飲食物防腐劑取締規則〉及其施行日期。面對醬油業者的質疑，台灣省政府衛生處只好硬著頭皮說，我們早在去年一九五四年十月不就發函通知過，絕不能使用水楊酸作為防腐劑了嗎？！

就當兩邊各持己見、幾乎已經到互相對立的狀況下，各地法院也知道，若不儘速做個了結，整件事將沒完沒了。由於此事不辦不行，而政府顏面也必將大傷；若就朝當初提出的「公共危險罪」認真辦下去，台灣的醬油產業可能會全部崩潰瓦解。因此，從一九五五年九月份起，相關判決都出現雷聲大雨點小、重重舉起輕輕放下的既定結果。大部分的懲處都是二百銀圓的罰鍰，對廠商來說，雖然也有點癢，但還不到痛的程度。黑心醬油事件至此才開始逐漸平息。

嚴格說來，由於水楊酸必須被長期食用與累積才會對人體器官造成嚴重的的傷害。因此，黑心醬油事件到底對多少台灣老百姓造成任何實質傷害，不得而知。即使有任何先生男士的腎臟受損了，當事人也不敢說，作為妻子的更不敢到處宣揚。但自從黑心醬油事件後，相關單位終於認真看待平日對市售食品抽驗工作的重要性。值得一提的是，防腐劑因其性質不同，使用的範圍極廣，所以政府對各領域可使用的防腐劑則有著清楚的規範。例如，雖然水楊酸不能用於食品，但可作為外用藥物，而許多化妝保養品也添加了水楊酸，以增強這類產品的功效和保質期限。不過，黑心醬油事件後，台灣民眾對於防腐劑可說是不分青紅皂白地一味恐懼與排斥。就算廠商根據政府法規使用可被允許的防腐劑，同時遵守安全上限標準，但民眾不領情就是不領情，只要聽到防腐就立刻對產品畫上了個大ＸＸ，這樁防腐劑的誤解成為延續至今、永不消停的夢魇。

2

黑心回收罐頭：環保人士的三觀不碎也難

2

一九五五年爆發大規模的黑心醬油添加香港腳用藥水楊酸事件後，原先名不見經傳的「台灣省衛生試驗所」因此突然聲名大噪。此單位雖小，但卻深知民氣可用的道理，反而乘勝追擊，秉持著「萬物皆可驗」的行事風格。後來呢？後來他們就發現台灣市面上一堆罐頭都是使用二手回收罐所製造，以及許多食品均添加了吃死人不償命的工業色素事件。

當各位將雞排買好、板凳搬好前，我們就先來聊聊「台灣省衛生試驗所」。此單位成立於一九四六年，原先只是位於台北市青島東路上毫不起眼的小單位。若就衙門等級來論，它算隸屬於台灣省政府下的三級單位。可悲的是，此單位層級夠小了，但它卻是當時台灣唯一有設備與專業人員來針對食品與藥物進行檢測的單位。

值得順道一提的是，台灣省衛生試驗所的第一任所長許鴻源博士。此人出身於彰化望族，從小就對中醫深感興趣。但他長大後並未跑去向老中醫學習針灸、把脈這類玩意，而是前往日本東京帝國大學藥學系生藥科就讀。其後，他又於一九五九年獲取日本京都大學藥學博士學位。換句話說，人家搞的是「中學為體、西學為用」，但許博士則徹底顛覆傳統，他逆向玩「西學為體、中學為用」，直接學習西醫的藥理、藥劑與藥物化學，然後以此研究中藥。而許鴻源正是「順天堂」的創辦人，可以說是台灣推動「科學中藥」的先驅。

一九四六年台灣省政府成立衛生試驗所，許鴻源就被推薦擔任首任所長。以他的能耐搞搞檢驗工作，可以說心有餘且力超足。黑心醬油風波後，他驚覺台灣的黑心食品問題實在太嚴重。因此決定廣泛收集市售食品，全都拿回來驗驗看。化驗結果如同過往般，預期會驗出的都被驗出，而連非預期的也統統被驗出，就實在是既驚嚇又意外。但如同過往，此事非同小可，一點也不能宣揚。更重要的是，這些都只是隨便買來抽驗的樣品，數量太少，並非大規模的普查。若因少數壞份子而讓多數善類背鍋，確實有失公允。就在此時，一位日後影響台灣食品工業發展甚鉅的神秘人物「李秀」出現了。

李秀大學時念的是農業化學，專長為食品加工。作為河北人的李秀，身材非常高大，年輕時就懷抱開發農業、幫助農村、救助農民的宏大理想。神妙的是，李秀眼中的「三農」還不是普通的三農，若說長江三角洲的農村或珠江三角洲的農民，他根本還看不上。他嚮往的是協助「邊疆」地區的農業、農村與農民，這裡的邊疆是越偏遠、越角落越好，最好是青海、西康、西藏的等級。八年抗戰結束後，李秀確實曾前往青海省玉樹服務，無奈當地官吏太腐敗，李秀待了一陣子後只好返回「中原」。正當他準備重新找工作時，有次在學校看到台灣有家鳳梨工廠的徵人啟事。當時他心想，抗戰結束收復台灣，台灣對大陸來說非常遙遠，應該也算是所謂的「邊疆」，此人就這樣莫名其妙地於一九四八年初來到台南一家鳳梨工廠擔任廠長的職務。

李秀進入鳳梨工廠後，先後解決了許多罐頭封蓋、膨罐或病菌滋生的問題，同時也將自己相關研究成果寫成期刊論文發表，工作表現深受上級肯定。此外，廠長薪水每個月有八百元，在一九五〇年代這可是不低的待遇。而李秀的夫人又是高中國文老師，算是雙薪家庭，一家人生活可說非常豐裕。

一九五〇年韓戰爆發，美國決定大力扶持被共產黨打退到台灣的國府政權。此時美援開始源源不絕到來，原先於一九四八年在南京成立的中國農村復興聯合委員會又復活了。就當農復會各項農業發展計畫在台灣陸續開展時，他們深感食品加工對農業生產的重要性，亟需聘請食品加工專家。在學術期刊上仔細搜尋一遍後，發現李秀是深具實務經驗的人才。因此農復會的食糧肥料組組長 Gleason 風塵僕僕地前往台南，邀請李秀加入農復會。

李秀面對農復會歪果仁高層的到訪，他當然受寵若驚。但當時李秀工作穩當、女兒剛生、家庭美滿，實在不想變動，因此 Gleason 先後到訪兩次，都被李秀婉拒。雖說老外應該不懂「三顧茅廬」這句成語，但 Gleason 仍不死心，決定第三次南下拜訪。而就在第三次會面兩人一來一往高來高去時，Gleason 不經意地出了大絕：

Gleason：「你如果來農復會擔任技正，技正的月薪是每個月八十美元。」

李秀：「OK，我答應你去農復會。」

大家要知道，整個一九五〇至一九八〇年代中期，台幣兌美元的匯率都被固定在四十比一的水準。也就是說，農復會開給李秀的薪水為每個月台幣三千二百元，相當於他擔任廠長薪水的四倍！估計只有智商低於七十、腦子被牛車碾過的人，才會拒絕這樣優渥的 offer。

一九五五年七月一日，李秀加入農復會，雖然他掛的是「食品加工技正」的職銜，但當時農復會根本沒有「食品加工組」，上層只好先將他放在「食糧肥料組」，一九五七年則又轉調至「農村衛生組」。當時李秀就納悶，農村衛生組主要的工作是教導農村居民養成良好的衛生習慣，不

豐年　第十二卷　第八期

當心有毒的色素！

也先

色、香、味、是理想食品的三大要素，其中顏色列爲第一，可見它是多麼重要。天然的色素，能使食品呈現美麗的顏色。可是，近年有些不法的商人，常把一些人工製造的有毒色素攙合在食品內，以增加美觀並吸收顧客。據本省衛生機關的調查，市面上有一半以上的食品，都是用有害的色素染色的，這對於人們的健康，該是多麼大的威脅呀！

色、香、味、是理想食物的三大要素，其中顏色列爲第一、可見它是多麼重要。天然的色素，能使食品呈現美麗的顏色。可是近年來有些不法的商人，常把一些人造的有毒色素混合在食物內，以增加美觀，並吸引顧客，這對人類健康，是一大威脅。

美麗的食物令人饞

食物裡添用色素，可使食物的顏色鮮艷誘人，引起食慾。本省應用得尤其多。譬如拜拜的「紅龜」、家常食用的「黃蘿蔔」、糖果、點心、醬菜、汽水、果汁等，都染了各種美麗的顏色，令你見了，不禁饞涎欲滴。

就因爲這個原因，有些不法商人，常用一些人工製造的有毒色素攙在食物內，這些人工製的有毒色素，不但顏色鮮艷，而且氣味芳香，容易博得顧客的愛好。

有毒色素影響健康

像本省最普遍食用的黃蘿蔔（タクアン），是一般的家用小菜。過去，這是用蘿蔔、米糠、甘草粉，和食用黃粉等醃漬而成的。但目前，有些商人爲了省錢省時，常攙用一種價格既便宜、顏色又鮮艷、氣味芬芳的有毒的黃色素「阿羅米」，於是蘿蔔很快便變成美麗的黃色。卻不知道，這種有毒色素，毒性相當強烈，如果吃多了，二十分鐘後就會發生中毒現象，即使吃少了幸而未會中毒，但體內毒素，積少成多，也會影響壽命。

太鮮艷的不要買

爲了避免有毒色素遺害身體，我們在購買食品時應該確切注意下列幾點：

一、在購買糖菓點心時，應該避免那些着有大紅、大綠顏色的，最好能選購那些天然色的糖菓。

二、小菜（尤其是醬菜）中是否攙有色素很難辨別。但是眞正浸漬的小菜，是不會脫色的，加有人工色素的小菜，表面多半呈濃褐色或深紅色。

三、街頭或店舖所賣的飲料（如橘汁或冰水等），及人造果汁粉，有時是由有害色素所泡製成的，應儘量避免飲用。

凡是帶有大紅、大綠、深紅或深褐色的食品，或者着有與自然色素色澤不同的食品，都要十分小心。

1962 年《豐年》將非法色素 Auramine 翻譯為「阿羅米」，並描述其「價格既便宜、顏色又鮮豔、氣味芬芳」。

要共用毛巾牙刷，嬰兒奶瓶該消毒，預防砂眼，男人記得戴保險套、女人記得裝樂普，這些與醫療健康相關的事項，他一個食品加工專家能幹啥？但既然是農村「衛生」組，他乾脆來研究食品加工的衛生問題吧！經過多方打探，李秀得知台灣唯一能與食品加工衛生扯上邊的單位就是台灣省衛生試驗所，因此他決定前往拜訪許鴻源所長。

許鴻源見到李秀後，彷彿草民晉見包青天、千里馬遇見伯樂般，立馬將自己私下的檢驗發現與辛酸一五一十地說了出來。原來許所長發現，許多市售罐頭都出現生鏽腐蝕的現象，溶出大量的錫、鉛重金屬。以許鴻源的專業深知，重金屬會對人體的肝臟造成嚴重的傷害，而且肝病又是台灣的十大死因之一。但由於市售食品太多了，小小的台灣省衛生試驗所一時之間實在難以掌握危害的程度。

許鴻源會如此擔心，不是沒有道理的。當時可能台灣各縣市各鄉鎮都存在著或多或少的地下工廠，其中罐頭工廠又多集中於中部地區。李秀為了釐清為何罐頭會驗出大量的錫、鉛重金屬，還特別前往中部實地走訪這些地下罐頭工廠。但食安這檔事在台灣永遠都差不多，不查不知道，一查嚇一跳。這些地下工廠的環境、設備與衛生條件極其簡陋也就罷了，他們使用的空罐居然還是向收破爛的人買進的二手回收罐頭。

二手回收罐頭又是什麼回事呢？早期台灣曾有群人專門靠「收破爛」維生，他們每天都會騎著三輪車在大街小巷內穿梭，邊騎邊喊著：「酒矸倘賣無。」此時家家戶戶內若有破銅爛鐵廢紙，就會拿出來稱斤論兩賣。因此，許多家庭平日就會做好資源回收的工作，不管是舊報紙與廢書，壞掉的電器與吃完的空罐頭，都會分類整理收集好，等哪天收破爛的經過家門，再拿出來賣給收破爛的，賺點零花。而收破爛的再將花錢買來的垃圾重新整理，轉賣給上游的回收場，賺取差價利潤。

平心而論，收破爛雖不是多體面的工作，但這套資源回收機制運作的順暢度，絕對屌打多數ＯＬ上班族的消化排便系統。雖然對一般死老百姓來說，賣破銅爛鐵廢紙只能賺幾塊錢而已，但給小孩子買些零食吃吃、買瓶汽水喝喝，絕對綽綽有餘。由於這樣的系統提供了充分的誘因，政府學校於此情況下根本也就不需要刻意宣導環保回收的重要性，更不用整天哭喪著喊著「我們只有一個地球」、「地球在哭泣」，大家就會自動自發地做好資源回收。但一九八九年台灣第一位環保署長簡又新，估計他的大腦可能被外星人控制了，為了推動資源分類居然捨棄既有的撿破爛大軍不用，反而從荷蘭進口巨無霸等級的回收箱放置在台北街頭，供市民投棄各類回收物，當時還將這些造型回收箱命名為「外星寶寶」。但外星寶寶成效不彰，不但讓自己從放在街上的巨型回收箱蛻變為巨型垃圾，還因此摧毀了既有的撿破爛大軍。一九九二年環保署終於承認失敗，將原先用來回收垃圾的外星寶寶全面回收。

回到正題。地下罐頭工廠買來一堆髒兮兮又生鏽的空罐頭後，會先將罐頭的罐緣切除，再用鹽酸、肥皂水清洗後，就直接拿來當空罐使用。整個回收再利用的過程就是如此樸實無華，一點也不矯情造作。現代一堆環保人士還得另外花錢購買環保餐具，等於整個資本主義體系為此還開創了個新產業，說穿了並沒有達到節約資源的效果。若要討論資源回收再利用的成效，這些地下罐頭工廠才是偉大的先驅哩！當李秀質問衛生問題時，地下工廠相關人員則回答：「我們哪有外匯買馬口鐵皮，用廢罐可為國家節省外匯，何況罐頭還要加熱殺菌，衛生沒有問題的。」一聽到這樣的回答，誰還敢說台灣人不真誠？

既然台灣多數食品都由地下工廠所生產，而地下工廠的實際情況又如此樸實無華，看來不搞個全面性的調查實在說不過去。因此農復會提供經費補助台灣省衛生試驗所，自一九五八年二月份起分別在全省二十二個縣市各鄉鎮，以採樣方式購買六大類（農產品、飲料、調味料、畜產品、水產品、糖果類）共二十八種食品，樣本數達八百七十四件。抽驗的產品項目包括：果實、糖漿、汽水、果實粉、食用油、醬菜、各種罐頭、太白粉、醬油、調味粉、香腸、肉脯、鮮乳、煉乳、魚丸條、魚乾物和各種糖果等。

經過台灣省衛生試驗所同仁六個月辛苦地加班趕工，化驗報告終於出爐。如同過往，檢驗結果又再次毫無懸念地驗出了一堆讓人既驚喜又意外的玩意：百分之三十的碳酸飲料和百分之二十六的肉類加工品含有非法使用的防腐劑，百分之七十八的罐頭被驗出重金屬，百分之五十四的醬菜使用糖精，百分之五十四的味精添入「酒石酸鹽」。而各類型不符合衛生法規的產品比例也高得可怕，例如，醬菜罐頭的不合格率達百分之百，肉類罐頭也是百分之百，麵條百分之七十七點八，鮮乳百分之七十六點六，糖果百分之六十一點三，蜜餞百分之五十一點四。而最受到社會大眾關注的則是色素的濫用，例如，百分之六十七點二四的糖果被驗出使用不合規定的食用色素。荒謬的是，台灣一直存在極大的哈日群體，每天言必稱日本，討論到啥事都要拿日本當榜樣，總覺得日本都是對的，這是不爭的事實。但他們沒想到的是，黑心商人使用色素的手法也與日本如出一轍。

當衛生試驗所長許鴻源接受記者採訪時曾表示，一九五五年日本的「國立衛生試驗所」曾大規模抽驗東京都內的一千五百二十一項食品，其中被驗出含有禁用色素的比例高達百分之三十點九。眾多被使用的非法色素中，以 Auramine 為最。Auramine 中文翻譯為「金胺」，是種「二芳基甲烷螢光染料」，外觀為黃色粉末狀態，除了可用於結核桿菌等抗酸性菌的塗片染色外，還能用來染蠶絲、腈綸與單寧等布料。Auramine 在工業產品上是個好東西，但放進食物內卻是劇毒物質。依據許所長的說法，白老鼠吃了二十毫克（即零點零二公克）的 Auramine 後，一小時內就立即投胎轉世了。但日本人拿如此劇毒的玩意做啥呢？醃－黃－蘿－蔔！！！沒錯，就是我們平常吃便當時，店家常會放在香噴噴白米飯上的那片醃黃蘿蔔。一九五〇年時日本千葉縣就曾發生二十四人因為吃下含有 Auramine 的醃黃蘿蔔後，出現頭痛、嘔吐、四肢痲痺的中毒事件，而在苦命阿信的故鄉山形縣甚至有一人因此中毒死亡。至於台灣，此次台灣省衛生試驗所針對醃黃蘿蔔總共抽驗了九件樣品，全數都被驗出 Auramine，中獎率百分百，真的是台灣南波萬！

既然驗出了問題，衙門還是得採取些行動才行。大家都說老狗變不出新把戲，但變不出新把戲的除了老狗以外，政府衙門也是如此。先前查獲黑心香港腳藥防腐劑醬油時，各地方政府就演起將醬油倒入河川海洋的戲碼，將淡水河搞成黑龍江。如今政府查扣一堆摻有毒色素的糖果，又該怎麼辦呢？糖果又不是液體，總不可能又倒進淡水河了吧！倘若你是這樣思考，就表示腦洞開得還不夠大。當時政府官員對淡水河的熱愛，還真不是我們能想像的。一九五九年二月十九日下午二時三十分整，台北市政府衛生院就將全市查扣的有毒糖果全數倒進了淡水河。倒完後市政府還發布新聞稿，請小朋友們以後不要太貪吃，以免吃到毒糖果。

政府官員作秀倒醬油倒糖果是一回事，食用色素的法令問題還是得好好解決才行。原來台灣省曾於一九四七年時公布過〈台灣省有毒性著色料取締規則〉，但此規則基本上只是將日據時代的法令翻譯成中文而已。而且它僅關注砒霜素等金屬物質的問題，色素部分倒是沒啥著墨，可說既簡陋又過時。因此，雖然此次台灣省衛生試驗所驗出一堆所謂的「有毒」色素，但實際上根本沒有任何法令可以起訴商家。當然那些被取締查扣的商家內心也覺得ＯＯＸＸ，認為日本人就是這樣教的，法令也沒規定不准用，他們也不知道這些色素有多毒。有鑑於此，台灣省政府開始草擬適應新時代要求的〈台灣省食用著色劑規格標準〉，好讓商家有所指引。但研擬的過程中官方卻發現，日本允許使用的食用色素共二十四種，美國則為二十二種。台灣究竟要比照日本辦理，還是跟著美國大叔的腳步？最後結果顯示，台灣官員確實深諳中庸之道，被允許使用的食用色素共計二十三種。自此台灣食品加工業對食用色素的使用，才開始有了清楚的規範。

談完色素的問題後，我們得回過頭講罐頭問題的後續。農復會為了解決地下罐頭工廠問題，因此和罐頭工業同業公會合作，首先編撰「合格罐頭工廠名冊」，分送給全台共二百二十九個罐頭批發商與九十四個零售商，使其採購罐頭販售時有所依據。其次，農復會則下鄉輔導十七個地下罐頭工廠，改善生產環境衛生與設備，使其成為合格的罐頭工廠。依據李秀的說法，從此台灣市面就不再出現有黑心地下工廠罐頭了。至於大家是否相信這段說法，鬼王我不予置評，反正鬼王打死就是不信。倘若一項輔導計畫就能杜絕地下工廠，從此不使用回收廢罐，這就太高估商人的良心。回收廢罐要失去吸引力，必定要等台灣有能力自製馬口鐵、馬口鐵能充分廉價供應之時，而這也已經是一九六〇年代中期以後的事了。

豐年　第十卷　第七期

壞的罐頭食物不可以吃

張光濤

如果住在交通不方便的鄉村，在吃飯的時間，忽然來了一位客人，而你又沒有預備什麼可以招待客人的菜時，你一定會因此而發窘。這時，如果家中有罐頭食物，就可應急了。開一聽罐頭魚，罐頭醬菜，再加一些現成的新鮮蔬菜，就足夠招待客人的了。

不過在你購買罐頭時，要仔細地看一下，不要把腐敗了的買回來，以免發生中毒或其他不良後果。

不要買罐子外面生銹太多的，或是封口處有漏汁現象的罐頭。因為那不是時間過久了，就是封口已經漏了氣，裡面的食物，腐敗的可能性很大。

罐頭的兩端膨脹起來的不要買，那也是漏了氣，有空氣進去了的結果。

當你買來以後，先要把開罐頭刀及罐頭外面都洗乾淨，然後再開。開時的聲音是很清脆的，開了以後，裡面沒有異味，汁液沒有混濁的現象，那末這個罐頭就是好的，這樣的罐頭，可以放心食用。

罐頭既開，就應立刻把它吃完。如果放得過久，容易壞掉，壞了以後，就絕對不要再吃。如果開了而沒有吃完，最好把它移放在別的容器內，冷藏起來。

早期罐頭時常發生罐頭封口破損，導致病菌滋生，食物變質腐壞的狀況，因此媒體三不五時還得教導民眾如何分辨罐頭的好壞。

注意壞罐頭

白衣

阿蘭剛從護士學校畢業回來，她的母親爲了慶祝她畢業，不但宰雞殺鴨，並且把貯存了很久的罐頭也都拿了出來。可是當阿蘭去開罐頭的時候，看見其中有兩個已經鼓得飽飽的，好像懷了孕似的。「呀！媽，罐頭都壞啦！」阿蘭大聲的說道。

「罐頭不會壞吧！」她的母親好像很不相信的樣子。

阿蘭知道她的母親不了解其中的道理，於是放下手中的罐頭刀慢慢的說道：「媽！您不曉得，吃了壞罐頭會毒死人的。」

「眞的嗎？好好的罐頭怎麼會壞呢？」

阿蘭見她母親發問，便繼續說道：「因爲在製罐頭的時候如消毒不完全或不小心，把一種細菌混了進去，牠們便在裡面生長繁殖，產生了很多的氣體，就使罐壁凸了起來，同時也產生了大量强烈的毒素。人們若要吃了這種壞罐頭，在一半天內毒性便會發作，先是上吐下瀉，肚痛發燒，續之頭昏眼黑，肌肉痙攣。在很嚴重的情形，也會呼吸麻痺而死。」

「那麼吃罐頭太危險了！」她的母親非常驚訝的說。

「其實在吃的時候小心一點就是了，看看罐頭的兩端是否凸起？生銹是否很厲害？罐內的食物有沒有變色或變味？如有疑問，就不要吃。兩端凸起來的罐頭一定要丟掉，以免發生危險。」

阿蘭的母親聽了她女兒的話以後說：「那麼趕快把這兩個罐頭丟掉吧！」

相較於先前的黑心醬油查緝工作，主要是由台灣省衛生試驗所發動，此波針對全省二十八種食品的大規模抽驗行動可說是戰後農復會針對食安議題所採取的首次行動。由於農復會經費來源為美援，也算是半個帶有官方色彩的國際組織，所以還為此特地於一九五八年底召開國際記者會，將新聞稿發布給國際媒體，好讓美國老大哥知道，他們資助的農復會有好好幹事，努力幫他們建設反共堡壘。

但萬萬沒想到的是，李秀在記者會上曾特別強調，百分之七十八被重金屬汙染的「內銷」罐頭都來自鄉下的地下工廠，至於外銷罐頭都是檢驗合格的產品。路透社記者因為遲到沒聽到這句話，會後就將書面資料做了條新聞轉發，搞到其他國家直接以為百分之七十八的台灣罐頭食品不符合衛生規範，當時新加坡衛生部為此還查扣了從台灣出口過去的鳳梨罐頭。由於鳳梨罐頭是早期台灣出口賺取外匯的重要支柱，簡單的記者會變成國際事件，此事可說非同小可，最後搞到台灣省農林廳檢驗局不得不出來解釋。

雖然台灣省農林廳檢驗局的說明有點冗長，但大意就是：台灣出口的罐頭都是檢驗合格的，請大家放一百個心。至於那些地下工廠生產的黑心罐頭，都只有內銷，只有台灣人才吃得到。安啦！

鬼王我估計後來新加坡衛生部應該有聽進去這段話，並重新開放台灣鳳梨罐頭進口。然後呢？然後六十年後台灣出口新加坡的鮮食鳳梨又被當成黑心鳳梨，全數給下架了。

3

地溝油遇見都得喊聲爹的餿水油

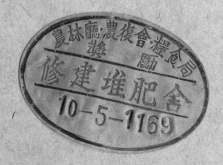

農林廳·農復會·糧食局
獎勵
修建堆肥舍
10-5-1169

3

油脂是個奇妙的好東西。吃不胖、不怕肥的人，總覺得禮多人不怪、油多菜不壞；而整天喊著要減肥怕胖的人，搞出的邪門歪道生酮療法卻是每天早起就得先空腹喝油。愛吃美食完全不講營養健康的人，每天吃的大菜小菜與點心，含油度量絕對能保證提高未來心臟裝支架的機率；但那群整天嚷嚷注意營養健康，早上要打精力湯、正餐要吃五穀飯的養生魔人，卻不知他們推崇的全麥麵包裡面的含油量，其實也同樣高得驚人。無論你喜歡或討厭與否，食用性油脂永遠也離不開我們日常的飲食生活。而其實人類好歹也是持續努力到二十世紀後，才能充分享受廉價食用性油脂供應的富饒狀態。但正是因為食用油太重要了，所以過去一堆層出不窮的食安事件無不和油扯上關係。

二〇一〇年，湖北省武漢工業學院何東平教授曾披露宣稱，中國大陸每年的動物性與植物性食用油總需求大約是二千二百五十萬噸，但實際的產量卻不到二千萬噸，因此他推測每年返回餐桌的「地溝油」介於二百至三百萬噸之間。換句話說，中國大陸民眾吃下去的油脂中，有十分之一可能是地溝油。地溝油問題被揭露後，中國大陸許多省分地區就陸續發生地溝油工廠被查獲的事件。由於二〇〇八年大陸才發生「三鹿毒奶粉」（三聚氰胺）等多起事件，因此相關食安新聞傳至台灣報導時，台灣民眾還覺得荒謬難以理解外，另一方面也對台灣自身的食安水準自豪。沒想到，台灣民眾才自我感覺良好沒多久，飄著飄著就翻船了。

二〇一四年，台灣陸續爆發強冠餿水油以及頂新、正義與北海飼料油事件。相關事件波及甚大，當時連台灣IT產業最重要的護身符「乖乖」都遭受影響。乖乖股份有限公司的五香乖乖與孔雀香酥脆都因為使用了頂新豬油，被迫全面下架銷毀，可謂損失慘重。與此同時，那位整天強調食安零汙染、後來因詐領健保費而被新光醫院開除，並被台北士林地方法院認證的詐欺犯江守山醫師，也因為「江醫師追求零汙染舖子」出品的豬肉酥使用了頂新豬油，因此狀告頂新求償十億。但其後誓言捍衛食安的江守山卻不肯繳納七百八十二萬多元的裁判費，律師詹順貴因此嘲笑江守山根本是演了一齣十億元鬧劇。

雖說強冠、頂新案件晚於大陸地溝油事件爆發的時間，但基於台灣南波萬與輸人不輸陣的精神，鬼王我在此得大聲疾呼的是：若講到地溝油，台灣的餿水油才是始祖！早在一九八五年時就曾爆發大規模的「餿水油」事件，而當時的主謀就是地方的小油廠，共謀則是地方的小油行與小攤商。

一九八五年九月中旬，法務部調查局發布消息表示：「治安單位最近接獲檢舉，指台北縣有地下工廠用餿水回收食油，廉價出售給小飯店及飲食攤。由於事關大眾健康，治安單位正深入調查。」消息發布才過一個星期，法務部隨即宣布偵破位於台北市雙連街的德泰油行，涉嫌以餿水中的浮油製成劣質沙拉油一案。其後案子是越查越大，地方的媽媽則是越來越怕，整個案子瀕臨難以收場的地步。講到這，我們得先聊聊餿水油到底是咋回事。

所謂的餿水指的就是廚餘，可說是殘湯、剩菜、剩飯的總和。閩南語俗稱「嘖」，大陸則稱之為「泔水」。早期農家養豬都是採副業的型態，所以不太可能會另外花太多錢買飼料給豬豬吃，都是用自家栽種的地瓜、地瓜葉和廚餘餵豬。當經濟發展、都市化程度提高後，都市地區亦會產生大量的廚餘，故自早期就發展出專門的廚餘回收體系。廚餘業者會提供空的塑膠廚餘桶給

養豬是早期台灣農家重要的副業，幾乎每個家家戶戶都有幾頭豬。農戶通常餵豬吃廚餘與自家栽種的地瓜，地瓜葉則是豬仔攝取維生素與纖維的重要來源。

早期政府促進糧食生產，因此鼓勵農戶收集豬糞尿、製作堆肥，並鼓勵、補貼修建堆肥舍。領有政府補貼所修建的堆肥舍門上，就得掛上公發的牌照以茲證明。

餐廳、小吃攤、學校和部隊，作為專門丟棄廚餘之用；或將餿水桶放在特定的街角、巷口，供一般住戶使用。有趣的是，如果是放在街角巷口供一般民眾使用的廚餘桶，通常都會放置在電線桿旁。為啥呢？這是因為廚餘回收業者為了怕廚餘桶被風吹倒，或被路人與往來車輛撞倒，導致廚餘散滿地、產生浪費的問題，所以才會用根鐵絲將廚餘桶纏繞在電線桿上。

廚餘的回收點確定後，廚餘業者每隔一、兩天就會開著小發財車，到處收廚餘，同時更換空的餿水桶。這些廚餘統一收集到處理廠後，工人會先進行簡單的清理工作，將廚餘桶內的塑膠袋或垃圾撈起，然後加熱煮沸。為何要加熱煮沸？因為餿水裡還真無奇不有，不管是吃剩的飯菜、臭酸的生肉或壞掉的水果，反正只要是食物，大家都習慣丟進餿水桶內。況且這些廚餘又放了一、兩天以上，裡面必定充滿許多微生物與病菌。若直接給小豬仔吃，牠們必定會下痢挫賽。所以得透過加入煮沸的方式，達到消毒殺菌的效果。此外，大家也知道，國人的飲食還滿油膩的，若讓小豬吃太油膩，也不是件好事。因此，餿水加熱後，原先藏在廚餘內的油脂就會浮上表面，此時工人就會將浮油撈起。但現在問題來了：這些廢油又該如何處理？如果直接當成廢棄物，還真實在可惜。況且即便將廢油當成垃圾，也沒地方傾倒。因此不肖商人就想到回收再利用的法子，將這些餿水油重新脫膠、脫色、脫臭後，再低價賣出，而德泰油行就是專門幹這樣的勾當。德泰油行為了蒐集餿水油，因此和許多養豬戶、廚餘業者建立良好的關係。這些養豬戶與廚餘業者平日會將廚餘浮油蒐集，倒入五十加侖三百公斤的汽油桶內，集滿後再打電話通知德泰油行前來收購，餿水油每桶價格約二千五百至二千八百元。之後德泰油行再將餿水油委託給合茂、馥芳兩家地下工廠進行脫臭、脫酸、脫色的工作，製成再生油，最後德泰油行以每桶五千一百至五千四百元的價格售出。

至於已處理脫膠、脫色、脫臭後的餿水油又被賣到哪呢？當時德泰油行建立了一套完整的零售體系，十四家零售商分布於大台北地區，它們都是各地區專做 B2C 的小油行、米行與雜糧行。德泰油行將餿水油以「二級黃豆油」的名義賣給零售商，零售商再將餿水油摻入沙拉油、麻油或花生油調和，就能製作出成本低廉許多的調和油，當時德泰油行每個月出貨量至少五十桶以上。由於餿水油價格非常低廉，所以大受士林夜市與圓環的攤販歡迎。此外，還有些商人也買入餿水油來做肉鬆、香腸，部分餿水油甚至流入日本料理店及企業團膳。但對這些末端商家來說，他們只知道自己購入的是便宜的次級品，並不清楚整件事的來龍去脈，而店家與消費者基本上也吃不出來。

先撇開所謂的食安、商業倫理與道德良心問題不談，德泰油行實際上創造了一個非常完美的運作體系。其內部運作的每個環節，從餿水回收業者、德泰油行一直到地區性的小油行和餐廳，每個參與者確實都有利可圖。而最末端的餐廳業者所製造的廚餘，之後又轉回到餿水回收業者的手中，進行下一次循環。若稱讚德泰油行創造了傳說中的「商業閉環」，一點也不為過。但令人納悶的是，此事為何會爆開？

根據調查局的說法，起因為治安單位「接獲檢舉」。稍有點生活常識與社會經驗的人都知道，「接獲檢舉」通常就意味著業內有人眼紅、真的看不下去，或是犯罪團夥內分贓不均，搞到有人不爽。至於抓耙子到底是誰？其實並不重要。但有人看不下去或眼紅了，就意謂著這檔事早已存在好一陣子，不是一天兩天的事。其後法院審理此案的相關新聞也證實了，德泰油行從一九七六年就開始幹這樣的勾當。既然德泰油行從一九七六年到一九八五年間能順順利利地做了十年的黑心餿水油勾當，而且還能外包給合茂、馥芳兩家地下工廠，這就表示業界內幹出同樣黑心事的絕對不會只有德泰油行一家。奇怪的是，難道過去十年都沒任何風聲傳出來嗎？

其實早在一九七九年九月，「台灣區植物油製煉工業公會」就曾發布聲明表示，他們發現部分油行販售的食用油中有摻雜「工業用動物性雜油」的狀況，「工業用油，大多自國外進口之非食用動植物油脂，同時也包含各種回鍋油，可能對人體健康有危害。」但由於工業用油脂成本低，而且相較於食用油進口關稅的百分之四十，工業用油脂的關稅僅百分之十，這中間存在著極大的套利空間。因此某些商人會進口工業用油脂，進行簡單處理後，就混入黃豆沙拉油內。

植物油製煉工業公會之所以透過媒體發布此消息，其動機不難理解，主要就是為了維護其他良心業者的利益。但這種事若真鬧大了，搞到消費者都不敢吃沙拉油、改吃豬油，到頭來也是害到自己。因此九月下旬時，他們便透過「國民消費協會」舉辦座談會，邀請行政院衛生署的食品科科長與會。當然啦，這種場合請長官過來，表面上的說詞必定是懇請長官「蒞臨指導」，但實際上就是要讓官員知道事情的嚴重性，同時請官員表態。

結果呢？這位科長來到座談會，立馬就展現自己非常瞭解事態發展的架勢。他表示，目前在市面上所發現的「雜油」主要有六種情況：一、沙拉油加入其他植物油；二、沙拉油加入動物油；三、沙拉油加入回鍋油；四、沙拉油加入合成油；五、以工業用動物油脂冒充沙拉油；六、以機油加入沙拉油。此時相信各位讀者看到第六點，必定感到驚訝異常。但鬼王我要說的是，這裡所指的機油確實就是你們腦海浮現的摩托車、汽車機油。更重要的是，這樣的傳聞鬼王我早有耳聞，如今只是透過歷史檔案從政府官員的嘴巴確定了它的真實性。

科長劈哩啪啦講完後，與會的植物油製煉業者並不驚喜也不意外。業界內有啥鳥事爛事鬼故事，業內的絕對比科長還清楚。但大家關切的是政府的態度啊！既然科長都知道有這些狀況了，大有為的政府會怎麼處理呢？等待許久，科長終於說了：「依照食品衛生管理法規定，出售不法食品者可處三年以下有期徒刑、拘役或罰鍰。衛生署將加強抽檢市面上的食用油，以維護國民健康。」他還同時建議台下的業者，以後最好將五十加侖的大桶沙拉油加封好，以防止不法商人摻入雜油。

古有明訓，徒法不足以自行。當然大家都知道食品衛生法規就放在那，但重點是如何查緝啊。結果這位科長居然講不出可行的辦法，提出的建議更是可笑到讓人聽了橫膈膜不痙攣也難。這些業者都是廠商，他們遇到的問題就是自家五十加侖沙拉油賣給中下游業者後，卻又摻入其他雜油，再以其他品牌（商家名）與其他包裝形式賣出。現在科長居然要大家將油桶的蓋子封好，請問有哪個末端消費者會一次購買五十加侖的沙拉油？！

既然找科長沒用，看來只好請民意代表來個爆料質詢，同年度十一月台灣省議員洪振宗就在省議會總質詢期間，秀出他的調查資料來爆料了。根據洪振宗的調查，台灣於一九七八年進口的工業用動物性油脂共計九萬零九百八十公噸，其中非食用牛油有四萬七千四百餘噸，非食用豬油三萬三千五百餘噸。有趣的是，既然進口名義上是牛油、豬油，理論上應該是從美國、紐西蘭、澳洲這些畜牧大國進口，但出口這些工業用油脂到台灣的國家卻主要是日本、香港與泰國，其中又以日本為最。洪振宗又進一步說明，根據他的調查，這些工業用油脂其中約半數用於製造肥皂與動物飼料，剩下的就流進地下工廠，經過分離、脫酸、脫臭程序後，最後以固態油脂的形式混充豬油，供應速食麵及糕餅業者使用。至於專門處理這類工業用油脂的地下工廠，主要分布於台北、桃園、台南與高雄，每天總產能約三百五十桶，每桶一百八十公斤。最後洪振宗還指責政府，一切亂象都導因於政府從十年前（一九七〇）開始准許大量進口工業用非食用油脂。看來洪振宗的爆料內容訊息量頗大，搞到我們得繼續往回追。

洪振宗之所以指責政府自一九七〇年起開始准許大量進口工業非食用油脂，不是沒有道理的。一九七〇年日本通過了〈廢棄物管理與公共清潔法〉（廃棄物の処理及び清掃に関する法律），此法開始嚴格訂定日本各單位、各企業與家戶的廢棄物處置規範。根據該法規定，使用後的食用油應被視為事業廢棄物，不得再進入食物體系內。但此時問題就來了：炸物是日本飲食文化的重要項目之一，日本人整天吃天婦羅，這些廢油該怎麼辦？其實整部〈廢棄物管理與公共清潔法〉影響的層面不僅僅是餐飲業而已，幾乎各行各業都得面臨廢棄物與垃圾處理的問題。但處理廢棄物就和做生意一樣，到頭來還是成本效益的問題。許多廢棄物處理起來太麻煩或不具效益時，最好的解決辦法就是出口到落後國家！

一九七六年《朝日新聞》就曾報導，日本大阪的「東亞環境貿易會社」將數百公噸的廢溶劑賣到韓國與台灣。此「公害出口」事件被揭發後，害得韓國許多涉案的企業界人士與官員被逮捕調查。但在台灣部分，購買這批廢溶劑的益州化學工業公司則表示，他們搞的是廢物利用，這批溶劑加工後會再賣給油漆廠與橡膠廠。絕無環境公害問題，請大家安心啦！但鬼王我搞不懂的是，這家於一九七五年成立的公司，其主要產品是變壓器油和車用潤滑油，這些油和溶劑有啥毛線關係？算了，就當鬼王我是化學小白，因為再追問下去可能就要出人命了。

雖說洪振宗於一九七九年十一月質詢時，還多有保留。當時他只說一堆奇怪的工業用動物性油脂跑進台灣，相關人員也僅提及糕餅業者（傳統中式糕餅均以豬油當作酥油），顯然是為了顧及植物油製煉業者的利益，深怕整件事爆料出來後，民眾從此都不敢吃沙拉油。但自從洪振宗爆料後，相關新聞就開始浮現。例如，就有民眾投書表示，先前曾參觀過北部某家煉製廢油工廠。根據帶路友人的說法，此工廠專門收購從日本進口的廢棄食用油，重新脫色、脫臭後，再與真花生油以七比一的比例調配混合賣給消費者，每台斤可淨賺十餘元。其後亦有進口商站出來表示，進口日本廢油的數量確實很大，政府應該確實掌握這些廢油的流向。

看來媒體已將刀口轉向政府了，但面對媒體的質問，台灣省政府衛生處卻給了個很妙的答案。該處表示，現階段沒有任何法令規定，不准業者對工業用動物性油脂或廢油進行再精煉。這話啥意思？這句話就是說台灣省政府衛生處有心無力啦。他們也很想採取些動作，但沒法源基礎，說穿了，這樣的回答擺明著政府不想主動調查此事。民間死老百姓時常抱怨，公務人員整天口口聲聲要「依法行政」的態度十分可惡。但多數死老百姓不懂的是，公務人員更厲害的地方在於「依法不行政」，台灣省政府衛生處就充分展現「依法不行政」的精義。但若政府完全不理會也不是辦法，後來經濟部就決定先暫停工業用豬油進口簽證的發放，以維護民眾健康。當然，明眼人也看得出來經濟部的禁令只是做個樣子，等風頭過去後就會重新開放。

整起事件搞到後來，就算智障的也看得出來，其實並沒有產生多大的社會效應。不但媒體報導不大，政府也懶得管，民眾似乎也不擔憂。面對如此窘境，洪振宗只好寫讀者投書直接丟到媒體：

「日本人使用後不能再用的回鍋油及油渣，不法廠商加工『再製』充當食油出售，亦將對我國民健康有害。第一，油脂在高熱中炸食物，本身會氧化，並可能產生環狀聚合物，這種物質被認為有致癌的危險。日人不敢再用，政府卻容許商人買進，『再製』混充食油出售，置國民健康於何地？難道日本人是一等國民，而中國人是二等國民乎？所以，請輿論界注意這個問題，多做反映，請政府莫讓回鍋油及油渣進口。省議員洪振宗上」

看來此次洪振宗等於是將整個鍋都掀了。先前還曖昧地表示問題出在放寬進口工業用動物性油脂，這次則直接挑明問題就出在日本出口到台灣的廢棄回鍋油與油渣身上。但當洪振宗拜託「請輿論界注意這個問題，多做反映」時，也暗示此事不會有下文了。你想想看，省議員作為民意代表的工作不就是為民喉舌、幫民眾反映意見嗎？而且當時最有能力施壓政府的就是台灣省議員。但當他都得拜託輿論多反映，就表示當政府不想管時，他也不知該怎麼辦了。

討論至此，大家應該不難看出整件事的輪廓。首先，一九七〇年日本制訂了〈廢棄物管理與公共清潔法〉，明令將嚴格監管廢棄物的處置，廢棄食用油不得再回收進入既有的食物體系內。自此之後，大批以工業用食用油脂名義的廢油、劣油就開始從日本出口至台灣。當然啦，廢油、劣油只是其眾多出口的事業廢棄物中的一項。當這些廢油、劣油進到台灣後，台灣的黑心商人就將其重新煉製，經過脫酸、脫臭、脫色工序後，再摻入沙拉油、芝麻油、花生油內，至於更狠的奸商甚至連廢機油都能拿來這樣亂搞。所以網路上傳言，當初台灣餿水油就是日本奸商與台灣奸商共謀的產物，不無道理。至於台灣奸商煉製餿水油的技術是否為日本人所傳授？這就不好說了。

若從時間點來看，已經能確定的是德泰油行從一九七六年就幹起這樣的惡劣勾當。但鬼王我深信，相關情事必定於一九七〇年代初期就已出現。而就範圍來看，至少台北、桃園、台南、高雄都有類似的工廠。不過，一九七九年時相關消息雖已曝光，但因為缺乏具體的事證案例與對象，所以政府乾脆不理會。這種事大家也知道，統統假裝沒看見就好，免得一查，又搞到整個社會雞飛狗跳。

但到了一九八五年，顯然又有人真的看不下去了，因此直接向調查局檢舉。透過調查局舉報顯然是聰明的妙招，因為他們需要的是業績，天下大亂就是形勢大好。但此次調查局偵辦德泰油行顯然是小心翼翼地，深怕真的搞大，事情就不好辦。只不過，從這事情爆發之初時就有越演越烈的趨勢。

首先，民眾最關心的就是這些餿水油的流向。當時調查局公布的資料非常含糊，只說流向士林夜市、圓環攤販，還有許多餐廳與商家。但究竟是哪些攤商與店家，調查局卻無法具體指出，有說和沒說一樣，反而讓社會大眾更心生恐懼，認為只要是餐廳或攤商的油都有問題。而到了九月二十一日，調查局又突然表示，劣質餿水油可能已大量流入「製餅工廠」。一九八五年的中秋節為國曆九月二十九日，當時大家正準備買好月餅過中秋節。但缺心眼的調查局卻於此時放出這條消息，導致當年月餅銷量立即大減，糕餅業者苦不堪言。但更瞎的是，直到本案偵查終結時，調查局還是沒交代清楚餿水油到底流入哪一些製餅工廠。

民眾關心餿水油流向之時，媒體則又陸續出現新聞爆料，發現其他疑似餿水油地下工廠。例如，就有民眾舉報在宜蘭頭城有家專門炸豬油的工廠，生產不合衛生規範的豬油與油炸豬皮供人食用。當宜蘭縣政府衛生局接獲舉報前往查核時，發現此工廠非常簡陋，專門收集廢棄的豬皮和內臟，工廠內就只有三個超級大的油鍋，現場則有幾只空的汽油桶。豬油炸好後，就裝入汽油桶內。但工廠負責人辯稱，這些豬油與豬皮都只供作飼料，送往北部販賣。但附近的鄰居卻向衛生局人員表示，他們都曾買回自家食用。然後呢？然後這件事就沒有然後了。

就當上述事件沒有然後時，宜蘭縣衛生局同樣在頭城又發現另一家使用雞、鴨內臟及豬皮、豬內臟製造豬油的簡陋工廠。此家工廠的林姓老闆也同樣強調，他們家賣的豬油都是給工廠當飼料原料。但林老闆很衰，自己向衛生局人員撒了個謊之後，他女兒卻向官員坦承，最近確實有不少糕餅店向他們訂購豬油，用來製造月餅。此時林老闆只好使出絕招，馬上表示自家的油曾出售給此次餿水油風暴的主角德泰油行，「據他所知，有不少餿水油流入宜蘭。」然後呢？然後宜蘭縣衛生局表示，他們非常重視林老闆提供的線索，將會深入調查。同樣地，然後就沒有然後了。

很顯然的，相關地方衛生單位人員對於餿水油事件並不積極。沒辦法啊，若全面查辦下去，可能真的會動搖國本。當你查一家黑心製油工廠，就得同時將源頭與流向一併查清楚。源頭事小，但流向事大，因此衛生單位均採取消極不作為的態度面對。此時某些不知死活的記者就試圖將究責的對象轉移到環保單位，認為廢棄食用油與廚餘未能妥善處置才是問題的根本。但中央環保單位相關人員面對記者質問時，才讓人見識到真正厲害的官是咋樣。環保人員表示，餿水油案「暴露了衛生機關從未對此類行業加以管理的缺失」。看見這群官員踢皮球的功力，鬼王我就納悶為何足球運動在台灣一直沒辦法好好發展起來。

儘管官員間互踢皮球、調查局也沒辦法給個清楚的說法，但民眾最關心的問題還是得解決啊。

地方的媽媽在乎的事很簡單，就是想搞清楚自家是否買到了黑心餿水油。為此許多民眾還將自家購買的油品送到縣府衛生局要求化驗，弄得地方衛生單位人員大嘆吃不消。而地方媽媽關心的終極問題，最後還是由行政院衛生署食品衛生處處長劉廷英出面回答了。劉廷英表示，請地方媽媽們善用鼻子的檢驗功能，「其實人的鼻子是最敏感的檢驗方式，凡是鼻子聞出有油耗味的，最好就不要食用」。嗯——非常好。鬼王我終於弄懂了，原來三十多年後某位大學女教授撰文教導小學生用鼻子判別有機蔬果與慣行蔬果的差異，並不是沒有道理的。原來動輒幾百萬上千萬購入的檢測儀器一點都不值得，原來政府訂定的相關檢驗標準與法規都是浪費地球資源的白紙黑字。

經過三個月的偵察，板橋地檢署終於在一九八五年十二月依詐欺及違反食品衛生管理法，對德泰油行、提煉的廠商與銷售餿水油的零售商等共二十二人提起公訴。台北地方法院則於一九八六年一月宣判，這二十二名被告分別依詐欺罪被判處一年半至七年不等的徒刑。

當初餿水油事件爆發時，當然媒體也按照往例訪問專家學者，告訴民眾選購食安油該注意的事項。結果哩？當時專家告訴民眾，不要相信地方的小油行。專家還表示：「我國有一、二十家大規模的食用植物油工廠，均採用最新式一貫作業的生產設備，產品品質均達國際水準以上。」這啥意思？這意思就是說，大家還是買大廠的東西比較有保障啦，地方小油行的東西其實是很可怕的。黑心商人到處有，不分古今，也不分大小。只要經商，必定會想盡辦法追求利潤的極大化，此時反而更需要良好的制度監督商業行為。三十年前爆發餿水油事件時，社會各界開始呼籲選購大廠品牌產品。但二〇一四年再度爆發的黑心油事件卻是大廠所為，此時文青則鼓吹選用地方小作坊的油品。面對歷史的詭異變化，大家是否覺得既驚喜又意外呢？

4

媽媽，我要喝S-95

4

這幾年每當有相關的人口統計數據公布時，整個社會輿論就會針對少子化議題展開大論戰。許多女性朋友內心不平的是，輿論似乎都將生育的責任丟給她們，但對教養之苦卻漠不關心。許多婦女更抱怨，為了堅守所謂的「母職」，她們彷彿終日活在被「母乳法西斯」的壓迫情境裡，搞得好像使用配方奶的罪惡程度如同向孩子餵毒一樣。關於「母乳 vs 配方奶」的爭議，鬼王我不是專家，也沒資格討論，反正通常所謂的「小鬼」都是辦公室的人類在養，不是大鬼或老鬼的責任。

不過，台灣的確曾有這麼一段時期是所有嬰幼兒奶粉廠商都視為美好的黃金時代。自一九八〇年代起，台灣經濟發展迅速、正邁向已開發國家之林，台灣錢淹腳目的時代即將開啟。戰後嬰兒潮世代已成為興起的中產階級，進入結婚成家生子之齡，所有的父母莫不希望用最優質、最健康、最營養的嬰幼兒奶粉來餵養剛出生的寶寶。當時也是所謂的「不婚主義」還未盛行的年代，每年的新生嬰兒數量達到四十萬。為了搶奪新興的嬰幼兒市場大餅，奶粉廠商與代理商紛紛使出蠻牛之力，開發產品、積極行銷，大家都怕沒跟上車。

結果呢？不管是進口車還是國產車，跟上車的人還真不少。但就有人自認是老司機，不好好開車，然後就翻車了。一九八四年爆發了「金牛牌S-95」假奶粉案，黑心廠商以家畜用的飼料用奶粉為原料，摻入工業級的添加物，再包裝成高價位的優質嬰兒奶粉出售。如同過往與當今，地方的媽媽再度崩潰。但在討論S-95前，我們得先弄清楚台灣人飲用乳製品的歷史發展與習慣，才能理解為何一九八〇年代初期是嬰幼兒奶粉市場野蠻生長的時代。

奶粉是以牛奶或羊奶為原料，經過消毒、脫脂、脫水、乾燥等製程產生的粉末；而嬰兒奶粉的製造則是參照母奶的營養成分，重新添加營養素、調整奶粉的營養結構，最後再調製出的配方奶粉。但我們還是得追問一個非常智障的問題：在嬰幼兒奶粉出現前，小 Baby 都喝啥？廢話，當然是母乳啊！根據日據時期殖民政府的調查，當時台灣母乳哺育率高達百分之九十七。這時問題就來了，這百分之三又咋回事？

雖說懷孕泌乳本來就是媽媽天生的生物性本能，但某些媽媽體質不佳，還是會發生母乳不夠或甚至沒奶的狀況。碰到這樣的問題，大家也別擔心，沒有什麼事是用錢不能解決的，當然老祖宗們也有解決方法。通常稍有點錢的人家就找個奶媽，但所謂的奶媽還分兩種類型。超有錢的大戶人家就將奶媽請到自己家中，奶媽因此得同時身兼餵奶與保母之責。而那些經濟情況比不上大戶人家的人，就會將小嬰兒送去奶媽家照護，當然奶媽也是同時身兼餵奶與保母之責。當媽媽出現無法餵奶的狀況時，鄉里街坊都會幫忙打探，看最近看誰家媳婦也恰巧生小孩，是否有能力幫忙照顧自己家的小孩、順便餵個奶。至於費用部分，當然是彼此和議。由於鬼王我某位遠親就曾發生類似狀況，所以還能聊上幾句。

鬼王的外嬸婆當初第一胎生了個兒子後沒過多久，就有位未婚媽媽循線找到外嬸婆。未婚媽媽表示，由於她得工作賺錢，實在無法親自撫養小孩，因此想將剛出生的女兒先寄養外嬸婆家，等小孩長大點，三歲時再接回去。外嬸婆心想，自己在家也是在帶孩子，再多帶一個也沒差，反正兩個同時餵，一邊一個剛剛好，還能賺點保母錢貼補家用，也就答應了。看來自從新冠肺炎後許多公司開始推廣的「WFH」（work from home，在家工作），外嬸婆早在六十多年前就已率先實施。

免費試吃試飲絕非好市多來台後才出現的行銷手段，早在半個世紀以前，克寧奶粉（KLIM）就已透過免費試飲的方式推廣自家產品了。

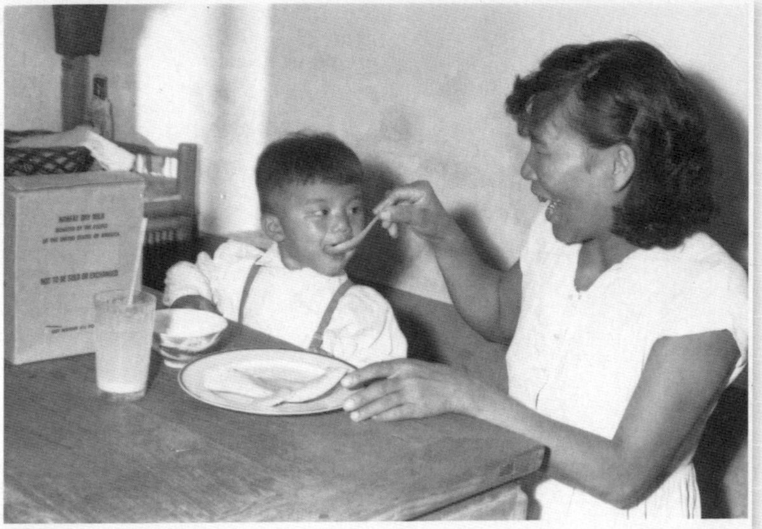

早期轉入社福系統發放的美援脫脂奶粉均為小盒裝，每盒重量約2公斤（4 1/2 磅），盒上印有「美國人民捐贈，不得轉售」（DONATED BY THE PEOPLE OF THE UNITED STATES OF AMERICA, NOT TO BE SOLD OR EXCHANGED）的字樣。

此後，未婚媽媽定期會去探視女兒，買些衣物和嬰兒用品過去，順便支付保母費。但到了小孩三歲接回家時，才發現事態不妙。小女孩和自己完全沒感情，整天想念外孀婆，終日嗷嗷大哭。至於外孀婆和自己帶大的小女孩也產生感情，同樣也是終日掛念、以淚洗面。最後未婚媽媽看這樣下去也不是辦法，就決定將女兒過繼給外孀婆，外孀婆也就開心地辦了領養手續。

如同印度新冠肺炎肆虐至火葬場終日火力全開，搞到如同人間煉獄的誇張境界下，印度富豪還是有辦法搭乘私人飛機逃往國外。有錢人總是能找到解決辦法，即便自己沒奶還是能找到有奶的保母。但多數中下階層的境遇就很悽慘，當貧困家庭的母親面臨奶水不足的狀況時，他們只能用「米湯」、「米糊」餵養嬰兒，簡單來說就是比較濃稠的稀飯湯。與母乳、牛奶或嬰兒配方奶

透過教育系統分發的美援脫脂奶粉，是作為國小學童的營養補充品。每天早上學校廚工會沖泡牛奶，讓每位小朋友飲用。鬼王他娘在 1950 年代中期唸小學時，就曾喝了兩年的美援牛奶。

相比，米湯確實沒啥營養可言。媽媽只能祈禱自己的小寶貝身體夠強健，喝了一個月米湯後再逐步添加點蔬菜湯汁、蛋黃泥進去，一步步增加小寶寶的營養攝取。所以早期台灣人生下寶寶後，都不會馬上去戶政事務所報戶口。通常都會等個兩、三個月後，確定寶寶活下來了、沒出現夭折的狀況後，才去報戶口。而這也就是為何某些六、七十歲以上的長輩身分證上的出生日期與他自己報的實際出生日期不一致的原因之一。

當然，細心的讀者必然會問道：就算沒有母乳，好歹能喝牛奶吧？牛奶比米湯營養多了，難道不香嗎？這樣說法在邏輯上確實沒問題，但問題是，傳統上我們根本沒有喝鮮奶的習慣。過去中國大陸南方因為氣候與人口密度的原因，所以酪農業並不發達。一方面是因為氣候會影響牛的泌乳，天氣越熱越不容易產奶。另一方面由於人口密集，所以將土地拿來養牛養羊實在是太浪費，種植穀物才能養活較多的人口。同樣，因此選擇飼養家畜時，不需要太多土地面積就能圈養的豬、雞，在中國南方就比較受歡迎。與此同時，大陸北方幅員遼闊，一望無際的草原就適合放牧牛、羊。因此，南方人本來就沒有飲用牛乳、羊乳的習慣。當福建、廣東移民遷徙到台灣後，仍是如此。

十九世紀中期西方發明了煉乳（condensed milk），並在十九世紀末期開始出口到中國大陸與南方，供人加水稀釋後飲用。煉乳這玩意其實就是加入大量蔗糖後的濃縮牛奶，夏天吃剉冰時淋上煉乳，甜美的好滋味都會讓人立即產生新冠疫情隔天就能徹底解除的幻覺。不過，當時從國外進口的煉乳罐頭非常貴，每箱（打）煉乳算下來差不多是普通工人半個月的薪資。所以有能力買煉乳喝的人，非富即貴。而且他們將煉乳視為調養身體的營養品，而非單純的飲料。由於煉乳好保存、不易酸敗，有錢人家的老爺因此都會將它分好幾次沖泡，變成甜甜的奶水，每天喝個一杯，感覺起來就像是吃燕窩補身。

就當老外發明了煉乳後沒過多久，同時也發明了奶粉。但不同於煉乳，台灣人最早接觸到的奶粉則是日本人所引進的。日據時代時台灣市場上已有罐裝的雀巢和森永奶粉。這些奶粉的廣告都強調奶粉是孩童發育期必備的營養品，也可作為探病時的伴手禮。不過，奶粉的價格與煉乳一樣，非常不親民，消費的對象主要是在台的中上階層日人以及超級大戶的台灣人。所以不管是煉乳或是奶粉，都不是台灣人平常會購買或飲用的食品。不過，由於廣大的人民群眾已經將煉乳、奶粉視為營養聖品，所以當自家小朋友或長輩生病身體虛弱時，若能力所及，還是有可能買個幾罐煉乳或奶粉回來當作營養保健品食用。因此，雖然能吃得起奶粉、煉乳的人不多，但台灣的本土市場還是存在一定的需求，而這樣的需求直至戰後初期仍延續著。

由於日據時代台灣並未建立起自己的酪農加工產業，所以戰後至一九六〇年代相關煉乳與奶粉罐頭仍須從國外進口。當時報紙都會刊載各類進口商品的盤價，例如鷹牌煉乳價格由每箱三百二十八元飆漲到三百六十元，克寧奶粉由三百五十元漲至三百八十元，明治奶粉上升至五百元等諸如此類的訊息。貿易商之所以會進口煉乳與奶粉罐頭，當然就表示國內確實有一定的需求量。但如同日據時代，乳製品對台灣人而言，仍是高貴的營養補給品。另一方面，多數人根本也沒啥機會喝到牛奶。直到隨著美援物資的到來，台灣人終於有機會開始熟悉牛奶的滋味。

鬼王我先前在《美援年代的鳥事並不如煙》一書中就提到過，美國佬送東西是不會考慮你到台灣因受限於地理氣候的因素，並不適合發展酪農業，而過去國人也沒有飲用乳製品的習慣。因此，1950、60年代隨著大批美援脫脂奶粉來台後，媒體還得宣導脫脂牛奶的營養與好處，同時教導民眾如何選購。

豐年半月刊

營養而價廉的補品

脫脂奶粉

—王娟—

脫脂奶粉，是一種非常營養的食品。在脫脂奶粉中，除脂肪和甲種維他命以外，蛋白質，乙種維他命及鈣質等，含量都很豐富。它的價格特別便宜，現在市面上四磅半裝的，每罐只要十五元左右。是價廉物美的補品。

脫脂奶粉和水的調配的比例，是一杯脫脂奶粉，加七杯水。大量調製時，是一斤奶粉加十斤水。調時先將溫開水放在杯中或大的容器中，再加入適當比例的脫脂奶粉，用筷子或長柄勺儘量攪拌，使它完全溶解，就可飲用。不過剛開始吃脫脂奶粉的人，，最好是沖得稀一點。可用一杯脫脂奶粉與九杯或十杯水的比例來調製。並且在調好後，放在文火上煮開再喝，以免瀉肚。煮時要不斷地攪拌，防它煮焦。以後再漸漸增加濃度。

教會及各救濟機構，都有脫脂奶粉發放，同時希望各慈善機關儘量發放脫脂奶粉給受災的難民，來補充他們的營養不足。如果去街上買時，要注意罐裝的罐子是否生銹，有沒有漏氣的地方。紙盒裝的，要看看內裡的玻璃紙有無破損，奶粉有沒有受濕。開罐以後，要換裝在可以緊蓋的空罐裡，以免受潮結塊。如結了塊，就不能吃了。

第八卷 第八期

你會選購奶粉嗎？

母乳是嬰兒最好的食物，上期本刊曾介紹了一些母乳育嬰的知識，可是如果母親乳汁分泌不足，或母親有病、或者其他原因母親不能親自哺乳時，那末就必須用人工乳來代替了。

新鮮牛奶，營養價值固然很高，可是一定要經過完善的消毒，消毒不好，對於健康反而有害。新生的嬰兒如喂新鮮牛奶的話，一定要加水冲淡，再加些白糖。至於應該加多少水和糖，最好就近向當地的衞生所或助產士請教，他們會依嬰兒體重的多少，爲你計劃一個適合的鮮奶量。加了水和糖後，還要煮過才能吃。新鮮牛奶，不能久藏，一定要放在冰箱裡，到要吃的時候，再拿出來溫熱了吃，這對於母親來說，是相當不方便的。

有許多人採用罐頭煉乳來喂嬰兒，在冲調方面，雖然比較方便，可是因爲其中加了大量的白糖，不但營養價值較低，而且對於孩子的腸胃也不適合，所以不是嬰兒理想的食料。另外還有一種罐頭裝的淡奶因爲不另加糖，是比較適合的一種，而且價格也較煉乳便宜。

最普遍的代乳品，就是奶粉了。奶粉冲調得當，營養價值和鮮奶差不多，而且消毒比較完全，又耐久貯藏，所以是良好的母乳代用品。

市面上所賣的奶粉種類很多，各式各樣的名稱，使你不能決定買那一種好；而價格的高低，又不能表示出它的好壞，當你面臨着那麼多種奶粉時，你如何選購呢？

如果你的小寶寶是新生嬰兒的話，那麼SMA、愛力大、明亞、勒吐精等經過特別加料加工的奶粉最適合。這些奶粉中，都另加維他命和礦物質，而且也比較容易消化，對於消化力很弱的初生兒，是非常適合的。金山、克寧、得力等，是純粹的全脂奶粉，適合於四、五個月以後的嬰兒。不過這並沒有嚴格的限制，SMA等，五、六個月以後的孩子也可以吃，而克寧等如能冲淡些，初生嬰兒也一樣可吃，而且效果也很好。

賢明的主婦們！當你購買奶粉時，不要以爲價錢貴的一定好，最好先看看裡面的營養成份，是否適合孩子的需要。如果幾種奶粉成份相似的話，請你選擇新鮮的（罐頭未生銹）、而價廉的買，因爲市面上奶粉的價格，一方面固因製造成本而不同，而大部份則因廣告宣傳費用，和當時市面存量的多寡及供求的需要而上下。所以請你不一定要買價格最貴的奶粉。（宋申蕃）

當報刊出現利用脫脂奶粉製作菜餚與點心的食譜時，就表示許多民眾仍然不習慣飲用牛奶，面對家中免費的美援脫脂奶粉還真不知該如何是好。同樣出於珍惜物資、補充營養的理由，政府不得不絞盡腦汁為脫脂奶粉尋找它的人生新出路。

豐年　第十二卷　第廿四期

香蕉奶露

脫脂奶粉四匙，糖兩匙，麵粉兩匙，和勻，加水半大碗，調打成糊，再加水一碗半煮沸。

香蕉二個，去皮切成小丁後，加入奶露中，即可進食。

脫脂奶粉做的菜

鈴·

脫脂奶粉，不但可以給我們飲用，還可以用來做菜。下面介紹兩種家常的菜。

白汁魚

材料：無骨的魚（如沙魚、旗魚等）兩大片，每片約三分厚，脫脂奶粉四大匙，麵粉三大匙，食油三大匙，鹽一小匙，胡椒粉少許，水二碗。

做法：魚片洗淨，用少量胡椒及半量鹽，酒抹魚片上，然後兩面沾上麵粉（約二大匙）。

油燒熱，小火煎魚，至兩面微黃。

其餘的脫脂奶粉，麵粉等所有作料，用水調勻，入鍋與魚片同煮三分鐘就好。

奶油菜湯

材料：青菜（白菜、菠菜、油菜等綠色菜均可）半斤，脫脂奶粉四大匙、麵粉或太白粉一大匙，食油二大匙，葱、鹽少許。

作法：將油燒熱，先放葱，再將菜入鍋炒。脫脂奶粉、麵粉、鹽用溫開水調勻，倒入鍋內一滾即可。煮時要常攪動，以免燒焦。

底需要啥，而是只管他們家還有哪些多餘不要的玩意。遠的不提，就說點近的。二〇二一年四月底印度新冠疫情徹底崩潰，由於氧氣瓶缺乏，導致許多新冠肺炎患者在醫院送命。美國為了拉攏印度，因此決定提供一億美元醫療物資給印度。當時印度人衷心期盼的是氧氣瓶與製氧機，但當美援醫療物資專機抵達印度時，印度人卻發現除了一千支氧氣瓶外，剩下全都是口罩與快篩檢測試劑，而口罩和快篩試劑是印度自己早有能力自行生產的物資，根本不需要國外援助。美國所謂的善行義舉，不但無法真正幫助到印度，還搞到人家哭哭。當初美國援助台灣時，同樣也是如此。除了各類軍火武器與技術援助外，美國還提供大量的剩餘農產品給台灣，其中又以脫脂奶粉和小麥為最。

美援脫脂奶粉的發放主要是透過兩套系統，一套是學校教育系統，另一套是天主教會。分配給公部門的脫脂奶粉通常會轉到教育系統內，由各縣市挑選試辦的學校，讓學童每天都能喝杯牛奶。因此試辦的學校就要張羅錢購置煮牛奶的大鍋子、水壺，以及糖和煤球。每天早上牛奶煮好後，小朋友們就拿著自己的杯子排隊裝牛奶，然後在老師的監督下喝完。但要注意的是，美援物資並不穩定。美國一定得先考慮自己的供需與庫存，再決定用於援助海外第三世界國家的數量。今年可能送個十萬箱奶粉，但明年卻減少成五萬，後年則又變成十二萬。所以並非全台學童都能受惠於美援脫脂奶粉，即使這學期有機會喝到免費牛奶，也不代表從此可以一直喝到畢業。另一方面，透過天主教會系統發放的脫脂奶粉，則是讓教會當作救濟物資發放給鄉村的貧戶。民眾若要領取救濟物資，當然也會有資格限制，最基本的就是要上教堂望彌撒。所以一九五〇、六〇年代台灣民間都喜歡將教堂稱為「耶穌廟」，戲稱可以上耶穌廟領奶粉和麵粉。除了學校與教會系統外，美援物資有時會分派至社會福利部門處理。舉例來說，一九五一年十月美國經濟合作總署就捐贈了一百八十大桶共四萬三千二百磅的脫脂奶粉給台灣省政府社會處，再由其分配給漁村的孕婦和兒童，以及基隆礦區附近的礦工子女，以改善他們的營養。

雖然透過學校、社福與教會系統的運作，確實讓許多學童體驗了牛奶的滋味，同時開始學習適應牛奶的美味。但推廣奶粉這事兒，到頭來還是得從大人下手才行。相關報刊因此開始教導民眾認識脫脂奶粉的營養，瞭解其有豐富的蛋白質、維他命B與鈣質。除了能作為成人的補品，「還能作為嬰兒良好的代乳品」。換句話說，倘若媽媽體質不佳無法親餵時，就可以脫脂牛奶替代。一九五四年九月聯合報副刊就刊載了一篇文章，討論母乳好還是瓶餵好的問題。內文就引述了紐約市衛生部的產科顧問哥爾德博士的說法，表示若採用瓶餵，小寶寶還可將奶瓶當作自己的玩具。但若母親們仍堅持親餵，自己還是可以多喝點脫脂牛奶，以增加母乳分泌。當然，雖說某些家庭透過上耶穌廟的方式弄到了一些麵粉和奶粉，但他們對喝乳製品還真沒啥興趣。為了節約珍惜食物資源，報刊甚至也貼心設計出了好幾份以脫脂奶粉入菜的食譜。換句話說，不管你體質好不好，不管你是想親餵還是瓶餵，反正寶寶和母親都能一體適用、快樂地喝脫脂牛奶。即便你對喝牛奶這件事還是千百個不願意，那就將其置入三餐飯菜中吧！

美援脫脂奶粉的到來，加上相對應的衛教資訊，台灣社會大眾對於奶粉的接受度也越來越高。一九五五年五月台灣省警務處刑警隊曾在台北市西寧北路查獲了一件 OAK 奶粉偽造案。林姓與張姓嫌犯涉嫌在市面上收購用過的奶粉空罐，請印刷廠印製仿冒的 OAK 商標和說明書，再以不知從何處弄來的脫脂奶粉（估計也是美援物資）重新裝罐，再分銷至雜貨食品店。連奶粉都會出現仿冒品，可見市場確實有需求啊！既然市場有需求，理論上市場機制就會自動調節、增加

喂嬰兒飲牛乳

思萍

人工授乳的嬰兒，在餵過奶後，常有嘔吐的現象的發生。引起嘔吐的原因很多，但餵乳方式的不良，也常會引起嬰兒嘔吐。現在把減少嘔吐的方法簡列在下面，也好供給做媽媽的參考。

價格高的奶粉，不一定就是好的，價錢較便宜的，對嬰兒也一樣有好處。各種牌子奶粉的成分，也常常因為製造的廠家而略有不同。吃這一廠的奶粉會因過敏而嘔吐，吃另一廠的也許就不嘔吐。所以，在嬰兒吃過奶水後嘔吐時，不妨換吃別種牌子的奶粉看看，也許會好的。

沖奶時一定要沖勻，水不宜過熱或過冷，以與人體溫度（三七度）一樣高為合適。如果奶中有氣泡時，不妨加幾滴魚肝油進去，一方面有助於氣泡之散失，另一方面也可補充嬰兒甲種和丁種維他命的不足，是一舉兩得的。但須注意魚肝油不能過多，過多了反而會使嬰兒消化不良，使嘔吐更加劇烈的。

奶中氣泡消失後，便可裝入瓶中餵了。此時須注意奶瓶的傾斜度，不要過平。太平了，嬰兒吸乳時，會連空氣一併吸入，胃中氣體增加，自然容易嘔吐的。最好讓瓶子稍為斜一點，讓空氣跑到瓶頂上去，不致與吸乳時一起吸入胃中。

還要注意的是不要讓孩子一次飲得太多，太多了不但容易有「溢乳」的現象，且容易使消化不良。

戰後在強勢跨國農企業的運作下，及透過媒體廣告與各類專家的宣傳，開啟了建構嬰兒配方奶可取代母乳，而且更適合現代繁忙工商業的生活，因此報刊媒體紛紛出現教導母親如何瓶餵配方奶的文章。

供給。但此時問題又回到了原點，台灣沒有自己的酪農業與奶粉工廠，所有的奶粉都必須透過進口。而且當時政府對外匯管制極為嚴格，貿易商若需進口任何物資、產品，都得先向政府申請外匯的配額。換句話說，如同預算編列一樣，中央政府每年都會先估算明年度央行將會擁有多少外匯，這些外匯要用於進口哪些物資。若從推動經濟發展、推動工業化的角度來看，外匯使用勢必以工業機械、原料類為主，民生消費次之。貿易商若要進口奶粉，都得先向政府申請外匯額度，可想而之，政府每年允許用於進口奶粉的外匯額度勢必與社會實際需求相差甚遠。一九五九年五月報紙就登了篇社論，開宗明義即說道：「奶粉為養育嬰兒不可或缺的營養食品，又是體弱病人所必需要的補品。本省既無奶粉的產製，就得完全仰賴外國進口供給。」這篇社論一方面批評政府的外匯政策，導致進口奶粉價格波動極大，危及民生。另一方面也同時呼籲，既然台灣的奶粉市場已興起，台灣應該試圖建立自己的奶粉工業。從事後的歷史發展軌跡來看，鬼王我真覺得這篇社論根本是政府故意埋的暗樁。

一九六四年五月二十四日，在美援資金的扶持下與各界的期盼下，籌建多年的味全奶粉廠在台中縣霧峰舉行了開幕典禮，預計未來每個月將生產五十萬磅的罐裝奶粉，以及十五萬磅的煉乳。味全第一年就將發售「味全嬰兒奶粉」與「味全特級全脂奶粉」，相較昂貴的進口舶來品，味全奶粉的價格具備優勢。此外，味全公司強調，進口舶來品奶粉光是船運就要耗掉好幾個月，在海上飄行許久早就不新鮮，但味全奶粉絕對新鮮，所以才上市後就順利打開中南部的市場。不過，深受政府期盼與保護的味全公司，才開業不到兩年，就開始遭受各界質疑。遭質疑的原因很簡單：味全並未帶動台灣自身酪農業的發展。

在美援資金的挹注下，1964 年味全設立了台灣第一座奶粉工廠，當時被視為台灣食品工業發展重要的里程碑。政府扶持味全奶粉，固然是希望能間接帶動本土酪農業的發展，但台灣乳牛事業的推動，卻是 1970 年代以後的事了。而且台灣乳業因生產成本過高，只能走鮮乳供應的模式，並不適合製作成奶粉供食品業使用。因此，至今所有的市售國產品牌奶粉原料仍舊由國外進口。

自 1970 年代起，飲用牛奶逐漸成為許多民眾飲食生活的一部分。與此同時，新型態的「超級市場」也於 1970 年代開始引進台灣，當時超市上出現了各品牌奶粉的貨架專區。

生產製造奶粉的前提是要先掌握充分的乳源，再經過一連串的工序後才能生產出脫脂奶粉。其後再根據不同對象的需求，將各種營養素與添加物摻入，就可以製造出不同品項的奶粉了。例如，老人家需要多一點鈣質以預防骨質疏鬆症，我們只要在奶粉添加多一點鈣質，就能宣稱此為適合銀髮族群的高鈣奶粉。雖說味全成立之時曾表示，未來將以台灣在地乳牛所生產的鮮乳為原料製作奶粉，但內行人一看就知道味全根本在豪洨。一方面台灣沒這麼多鮮奶可以供應，另一方面台灣鮮奶的成本太高，毫無競爭力，味全若真拿本地鮮奶當自家奶粉原料，保證能在短時間內不費吹灰之力就燒光整個資本。因此，味全的做法基本上就是從國外進口脫脂奶粉，摻入添加物，再重新掛上自己的品牌分裝販賣。倘若味全能進口脫脂奶粉分裝銷售，其他國內廠商為何不呢？面對各界壓力，政府只好開放奶粉廠的設立。就當政府開放後，一時間國內許多食品公司都紛紛投入設立奶粉工廠，甚至有美國與加拿大的資本來台成立合資公司，進行奶粉生產銷售與代理經銷的事業。

自一九七〇年代起，台灣的奶粉市場就開始進入戰國時代。除了各種品牌的嬰幼兒奶粉充斥於市面外，味全為了吸引更多消費者，還開發出「果汁牛奶」口味。一九五〇年時台灣人每年平均消費的乳製品僅有零點六六公斤，但至一九七〇年時已達到二點二七公斤，成長了差不多有三倍。但二點二七公斤這個數字也說明了台灣的乳品市場還有很大的發展空間。從一九七〇年代起，不管是進口商還是本土廠商的業務員，就開始到醫院婦產科進行直接推銷，附帶贈送奶瓶、浴巾等贈品給產婦。有些業務員還和護士和醫生協議，若有一位產婦決定使用自家的嬰兒奶粉產品，醫生就能獲取五千元的康密雄。

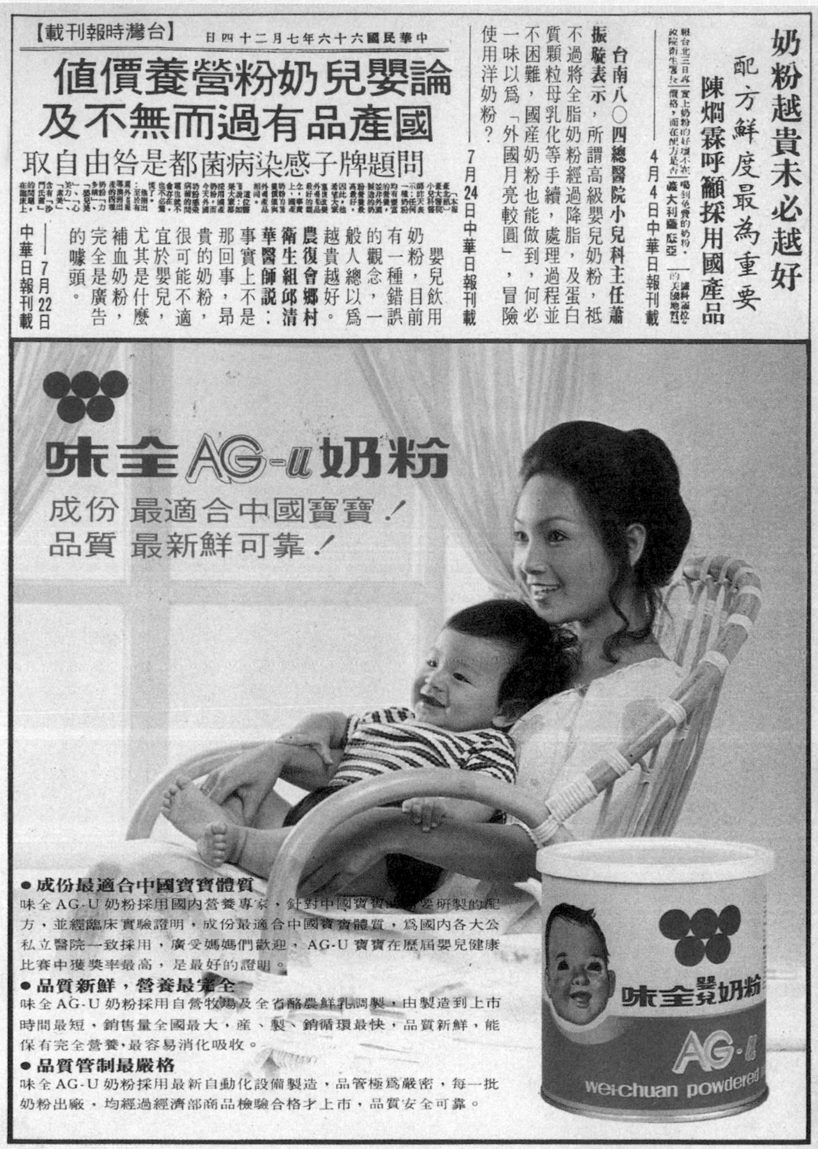

【台灣時報刊載】 中華民國六十六年七月二十四日

論嬰兒奶粉營養價值
國產品有過而無不及
問題牌子感染病菌都是咎由自取

—7月24日中華日報刊載

嬰兒飲用奶粉，目前有一種錯誤的觀念，一般人總以為越貴越好。農復會鄉村衛生組邱清華醫師說：事實上不是那回事，昂貴的奶粉，很可能不適宜於嬰兒，尤其是什麼補血奶粉，完全是廣告的噱頭。

—7月22日中華日報刊載

奶粉越貴未必越好
配方鮮度最為重要
陳烱霖呼籲採用國產品

—4月4日中華日報刊載

台南八〇四總醫院小兒科主任蕭振驗表示，所謂高級嬰兒奶粉，祗不過將全脂奶粉經過降脂，及蛋白質顆粒母乳化等手續，處理過程並不困難，國產奶粉也能做到，何必一味以為「外國月亮較圓」，冒險使用洋奶粉？

—7月24日中華日報刊載

味全AG-u奶粉
成份 最適合中國寶寶！
品質 最新鮮可靠！

● 成份最適合中國寶寶體質
味全AG-U奶粉採用國內營養專家，針對中國寶寶[illegible]研製的配方，並經臨床實驗證明，成份最適合中國寶寶體質，為國內各大公私立醫院一致採用，廣受媽媽們歡迎，AG-U寶寶在歷屆嬰兒健康比賽中獲獎率最高，是最好的證明。

● 品質新鮮，營養最完全
味全AG-U奶粉採用自營牧場及全省酪農鮮乳調製，由製造到上市時間最短，銷售量全國最大，產、製、銷循環最快，品質新鮮，能保有完全營養，最容易消化吸收。

● 品質管制最嚴格
味全AG-U奶粉採用最新自動化設備製造，品管極為嚴密，每一批奶粉出廠，均經過經濟部商品檢驗合格才上市，品質安全可靠。

味全嬰兒奶粉
AG-u
wei-chuan powdered

台灣的奶粉市場自1970年代起進入戰國時代，市面充斥著各類國產與進口奶粉，而民間也存在進口品牌奶粉雖貴、但營養價值較高、品質較好的迷思。味全為此多次在媒體刊登廣告，宣導貴不一定好的觀念。

現今嬰兒奶粉的優惠活動主要是小朋友玩具（如腳踏車）、尿布優惠券或超市禮券等。但在 1960 年代廠商若要做促銷活動，所能提供的贈品其實不多，因而出現買味全奶粉送味全味精的狀況。但當時味精尚未被污名化，而且售價也不便宜，因此媽媽主婦們都認為這是好康贈品。

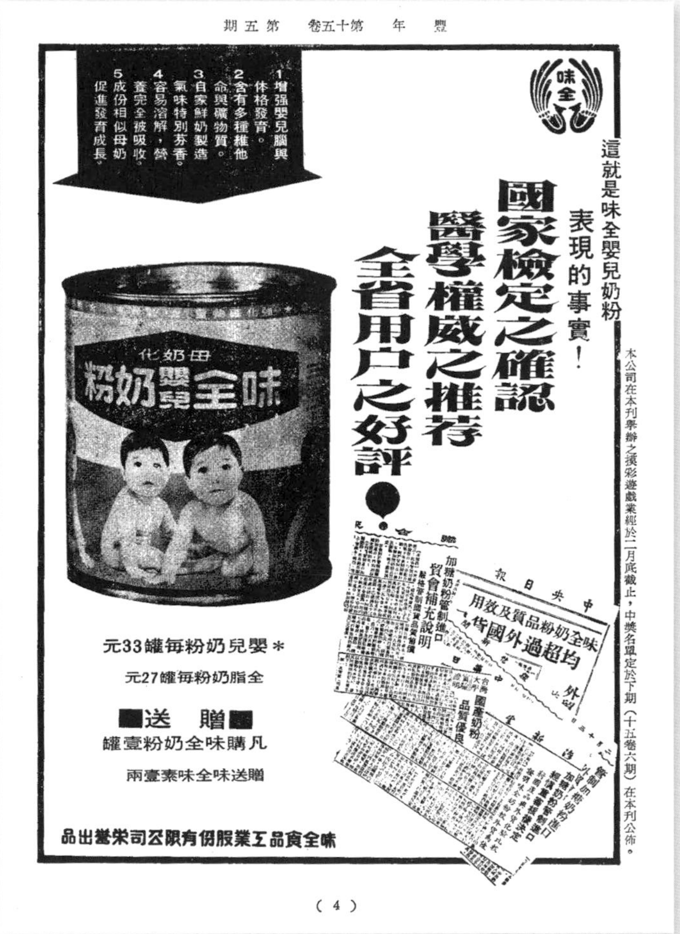

基本上，嬰兒奶粉的行銷訴求是數十年如一日，早在 1960 年代，雪印奶粉就強調他們家的奶粉具備讓寶寶「強身益腦」的功效。

不過光這種靠推業務員一對一的推銷模式實在是太慢，效率也低，直接從醫院下手可能還快些。一九八一年美商必治妥捐贈了一筆上百萬的研究經費給馬偕醫院，但條件是馬偕醫院的育嬰房內都必須使用必治妥旗下的「嬰兒美」奶粉（Enfamil）。至於國泰醫院玩得更狠，將嬰兒房奶粉的使用權分為十股，要求各嬰兒奶粉廠商認股。廠商若不照辦，新生兒就不可能有機會喝到他們家的產品。此外，更有廠商贊助醫院的研究計畫。由於一九七九年彰化才發生多氯聯苯自管路中洩漏滲入米糠油的事件，整個中部地區至少有二千多人受害，受害者出現臉部皮膚病變與免疫系統失調問題。因此，奶粉廠商贊助的研究計畫主題就是討論母乳內是否含有多氯聯苯，此種研究擺明是希望透過研究結論來汙名化母乳。

倘若正規廠商都想盡辦法使些下三濫手段來增加業績、擴大營銷時，非正規的廠商亂搞就不讓人意外了。早在一九七八年時就有傳言，坊間許多超市出現用透明塑膠袋包裝且無廠牌的「脫脂奶粉」，當時台北市消費協會就曾指出，這些來路不明的奶粉可能是用進口的加工或飼料用脫脂奶粉所製作，請消費者提高警覺。儘管台北市消費協會表示將會同相關單位追查檢討，若從事後發展態勢來看，既然只是傳言，政府單位可能就抱著假裝沒看到的態度。一九八四年爆發的S-95假奶粉案則是此類阿撒布魯亂搞的經典案例。

正當國內外各類知名嬰兒奶粉廠牌互相砍殺、撕逼到猶如羅馬競技場等級的狀態時，一九八三年冒出了一款全新的奶粉產品「金牛牌S-95」。S-95上市時就宣稱，其為在德國製造生產的「美國大陸大藥廠榮譽出品」的產品，而位於台北市延吉街的「清忠藥品股份有限公司」則為此產品的遠東區總代理經銷商。德國製造、美國出品，看起來就非常高大上，但S-95厲害

中華民國五十九年七月一日
荷蘭樺樹奶粉
原裝進口 安全可靠
育嬰聖品 老幼咸宜
Birch Tree
BRAND
MANUFACTURED IN HOLLA
英國保衛爾牛肉精
荷蘭樺樹奶粉
台灣進口總代理 中興食品股份有限公司

樺樹奶粉（Birch Tree）其實是菲律賓品牌委託荷蘭工廠生產製造的。但菲律賓廠商為了混淆其國內消費者的認知，在奶粉罐上面刻意強調「Manufactured in Holland」，而不是慣用的「Made in Holland」。有趣的是，當初貿易商進口台灣時，也順水推舟玩了同樣的伎倆，直接在樺樹奶粉前面加了「荷蘭」兩字，讓消費者以為這是荷蘭品牌的進口奶粉。

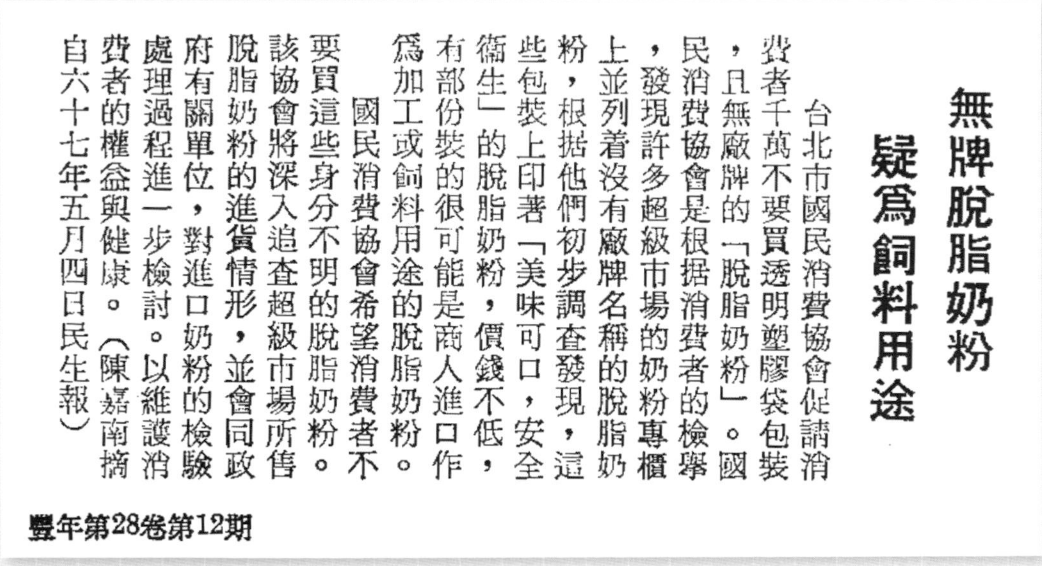

無牌脫脂奶粉 疑爲飼料用途

台北市國民消費協會促請消費者千萬不要買透明塑膠袋包裝，且無廠牌的「脫脂奶粉」。國民消費協會是根据消費者的檢擧，發現許多超級市場的奶粉專櫃上並列着沒有廠牌名稱的脫脂奶粉，根据他們初步調查發現，這些包裝上印著「美味可口，安全衞生」的脫脂奶粉，價錢不低，有部份裝的很可能是商人進口作爲加工或飼料用途的脫脂奶粉。

國民消費協會希望消費者不要買這些身分不明的脫脂奶粉。該協會將深入追查超級市場所售脫脂奶粉的進貨情形，並會同政府有關單位，對進口奶粉的檢驗處理過程進一步檢討。以維護消費者的權益與健康。（陳嬉南摘自六十七年五月四日民生報）

豐年第28卷第12期

不肖商人使用進口工業用或飼料用奶粉，偽裝成一般食品級脫脂奶粉在市面上販售的傳聞，早在1978年就已出現，但當時相關單位卻未認真辦理，後來此事也就不了了之。

的地方不僅於此。S-95宣稱含有百分之九十五的「天然短鍊蛋白質」、十八種氨基酸與多種礦物質，非常適合寶寶的成長需求。「天然短鍊蛋白質」進入人體後，就會分解為最小的分子，利於小腸完全吸收，成為「生肌造肉、器官組織重生」的重要元素。感覺起來S-95就是大人、小孩都可以用來保健強身的聖品，幾乎可以當藥來喝了。

S-95除了產品定位與眾不同外，它的行銷手法也是一絕。當時S-95當時拍了個廣告，天天在八點檔連續劇時段播放。如同其他廠牌的嬰兒奶粉，S-95的廣告內也有個可愛的北鼻，但這個北鼻卻講了一句歷久不衰的經典名言：「媽媽，我要喝S-95。」

媽媽，我要喝S-95——

媽媽，我要喝S-95——

媽媽，我要喝S-95——

多麼醒腦多麼雷人的神句啊！！！

廣告連續播放好一陣子後，S-95就成為當時台灣最夯的嬰兒奶粉。有當過父母、有育嬰經驗的人都知道，嬰兒奶粉和成人奶粉不太一樣，泡出來的味道真的還滿難喝的。通常泡了一瓶牛奶，不管是一百二十CC、一百八十CC或二百一十CC，有時候寶寶不一定能全部喝完。此時剩下的牛奶該怎麼處理就是個難題。現代的父母可能就直接倒掉，但早期父母比較有節約食物的觀念。寶寶沒喝完的，就自己喝掉。鬼王我小時候就曾見識過鬼王的爹，每次都會皺著眉頭、捏著鼻子，將自己金孫喝剩的嬰兒牛奶一口氣喝掉。鬼王他爹作為嚐盡各種苦難、隻身來台的贛人老兵。連如此堅毅的職業軍人都難以輕鬆駕馭嬰兒牛奶，其難喝程度可見一斑。但S-95倒是神奇，根據當時的新聞報導，許多家長自己都覺得S-95很香很好喝，還勝過坊間市面賣的成人奶粉。就當S-95又火又熱之時，一九八三年底時就有人向消費者文教基金會爆料S-95有問題。

向S-95爆料的必定是業內人士，但這位業內人士並不需要有啥內線消息才能爆料，稍有概念的人就看得出S-95有問題。首先，如果S-95真如同廣告所稱，是歐美著名品牌，業內人士勢必聽過啊。其次，S-95宣稱其含有百分之九十五的天然短鍊蛋白質，這根本做不到啊。奶粉的型態以粉末為主，這些粉末的主要成分就是碳水化合物，至少佔了總重量的百分之五十五至六十。若說S-95含有百分之九十五的蛋白質，鬼王我還真參不透這玩意會長啥樣，感覺起來似乎就是「反物質」的代名詞。再來，「天然短鍊蛋白質」光看也知道這是商品話術，而「生肌造肉、器官組織重生」基本上是醫療宣稱，已經違反食品法規。最後，連內行人也看得出來，當時台灣最夯的進口嬰兒奶粉品牌是S-26，「26」若倒過來看就是「95」。大家都說，歲月靜好、一起亂搞。S-95亂搞就算了，但它還搞得如此成功，整個業界當然不靜也不好了。說到後來，S-95被檢舉也只是剛好而已。

當消費者文教基金會接獲舉報後，由於消基會沒有調查權，只能將爆料轉給當時的衛生署消費者服務中心。衛生署消費者服務中心接獲陳情後，等了三個月，才將案件轉給同為衛生署的食品衛生處。衛生署自己檢驗S-95，發生沒有任何生菌數或發霉的問題。雖然也感覺這個產品怪怪的，卻找不到疑點。而食品衛生處又過了好久，才又發文給台北市衛生局。直到一九八四年六月，台北市衛生局才約談清忠公司負責人蔡清忠。神奇的是，衛生局約談時，蔡清忠拿出了偽造的「S-95 power 100g」和「S-95 Protein Tablets 100's」的輸入許可證，證明他們家的產品確實是從國外進口，但偽造的輸入許可證居然還順利矇騙了承辦人員。既然衛生署檢驗沒問題，輸入許可證也沒問題，最後台北市衛生局只能就其療效宣稱不實開罰，草草結案。

本來台北市衛生局結案後，應該就沒事了。不過S－95的業績實在是太好了，當時蔡清忠旗下有位年輕小伙子業務員許志樂，決定出來自立門戶，自行生產仿冒的S－95，企圖蒙混銷售，許志樂因此找了印刷廠來印製金牛牌S－95的內盒標籤與說明書。但許志樂正著手進行此事時，卻被蔡清忠聽到風聲。蔡清忠面對自己離職員工吃裡扒外的行為，當然氣不過，因此他決定向調查局舉報，追查此等惡質的仿冒行為。當調查局開始偵辦後，卻發現S－95根本沒進行商標登記，感覺事有蹊蹺，因此決定繼續追查下去。結果一查不得了，原來歐美根本沒有S－95這項產品，全是蔡清忠自己掰出來的。再進一步深入調查才知道，S－95使用的是進口飼料用奶粉，再摻入工業用酪素、乳糖，自行調和成奶粉。根據當時專家的說法，酪素又稱酪蛋白，工業用酪蛋白的主要用途在於硬化傘柄、刀柄等產品，並可作為接著劑、塗料的原料。若應用在纖維、造紙工業上，又具固定色彩、發光功能。至於工業用乳糖，也是從不能食用的劣等牛乳中提煉出來的，細菌含量可觀。

講到後來終於釐清了，金牛牌S－95基本上就是個由台灣人蔡清忠自己創造出來的虛假歐美廠牌，其使用的是工業用與飼料用原料製造出的假奶粉。至於整個案件會爆發，則是因為有人想做仿冒的假S－95。但有趣的是，出身於嘉義布袋的蔡清忠，年少時家中貧困，因此外出打拚發展，事業有成後更積極回饋鄉里。一九八四年初他才捐贈過一輛救護車給布袋分局，同年十月又自貼腰包花了六十多萬元，購買兩輛福特天王星贈送嘉義市警察局作為巡邏車，可說是善盡企業社會責任CSR的表率。搞到後來鬼王我都搞不清楚到底誰是真的、誰是假的、誰是壞人、誰是好人。

S－95假奶粉案爆發後，輿論譁然，地方的媽媽紛紛哭泣，大家都納悶，為何商人如此無良，居然連嬰兒奶粉都能造假。當時衛生單位也只能亡羊補牢，要求廠商全面下架該奶粉外，似乎也不知道還能做啥。有趣的是，S－95案爆發後，相關單位調查後發現，當時高雄有個嬰兒食品叫做S-52，馬上被外界懷疑也是假貨，銷售量因此大幅衰退。但根據當時媒體消息指稱，S－52使用的原料其實也是飼料用奶粉，只是官方沒有繼續往下查罷了。

最後清忠公司的負責人蔡清忠雖被判了四年徒刑，但鬧了一陣子後，台灣社會似乎也未學到任何教訓。為何這麼說呢？很簡單，後來台灣仍舊發生過好幾起使用飼料級或工業級原料的食安事件。

5

番茄醬啥時佔據了萬物皆可沾的C位？

5

一九七七年一月九日，台灣可果美股份有限公司發布新聞表示，在市面上發現了該公司出品之瓶裝番茄醬的仿冒品，而市售的A貨乃是以回收的可果美番茄醬玻璃瓶充填的，「唯包裝則採用相近顏色標籤」，企圖以魚目混珠矇騙顧客。可果美公司因此希望消費者選購時，「認明瓶子上『可果美』三字及番茄商標上的英文字」。雖然可果美沒講明市售的仿冒品到底長啥樣，我們現在也找不到照片。但從文意判讀，大概就類似以OKNY蒙混DKNY的山寨手法。雖說詐騙手段不可取，但我們還是得承認，這家山寨工廠還算有良心也滿用心的。人家好歹不是百分之一百的copycat，況且還願意細心收集可果美原廠的玻璃回收罐。說來說去，還真是資源回收做環保、一起用心愛地球的善行義舉。但讓人感到奇怪的是，為何連番茄醬都有仿冒品？

黑心商人搞山寨或無良商人搞仿冒，到頭來必定是貪其有利可圖。至於利益的評估則取決於兩部分：價差與市場。例如，仿冒名牌手錶與名牌包圖的就是價差。同樣是LV或Chanel包包，正品可能要十萬，但仿冒工廠成本可能不到幾千塊，標個三萬也一堆人趨之若鶩。其次，某些商品的價差雖然不高，但因為市場夠大，所以這樣的偏門生意還是有人願意投入。別的不提，一九五五年各縣市政府大規模查緝黑心地下醬油工廠時，苗栗縣政府就發現，當地的醬油工廠實際超過五十家，但登記在案的僅有二家，其中三家工廠還是專門生產仿冒品，也就是其他知名醬油品牌的A貨。醬油A貨的利潤不可能太高，但只要市場夠大，A貨鋪得順，這生意就能穩穩當當細水長流做下去。講到這相信大家也應該都明白了，可果美番茄醬之所以出現A貨，必定是市場夠大的緣故。但此時問題又來了：為何番茄醬會有這麼大的市場，值得讓黑心商人收集回收玻璃瓶做仿冒品？此外，番茄是啥時進入台灣，而台灣人到底從啥時開始吃番茄醬的？

儘管鬼王我對番茄醬的酸甜滋味並無好感，吃麥當勞薯條時從不沾番茄醬，早餐買培根蛋土司時必定會叮嚀店家不要加番茄醬。但不可否認的是，番茄醬（ketchup）可說是現今最普遍、應用最廣，且最受多數人喜好的蘸醬，沒有之一。番茄醬不僅適用於速食店的薯條、漢堡，以及早餐店的吐司三明治和各種炸物，還有不少人似乎是已將番茄醬視為如同醬油、鹽巴同等級的基本配料，幾乎是各種食物都能沾番茄醬吃。不少人連吃鐵板麵、薯餅、焗烤馬鈴薯、炒蛋、蛋餅、牛排時，都會沾番茄醬。而更神奇的是，有人連吃肉粽、水餃時，也會沾番茄醬。許多小朋友不僅是啥都能沾番茄醬吃，嘴饞時甚至會將速食店或便利商店提供的番茄醬包拆開直接往嘴裡擠。簡單來說，番茄醬已佔據萬物皆可沾的C位。更重要的是，它不再是簡單的蘸醬或某些食物的附屬品，甚至是開始蛻變為獨立、可以直接拿來吃的食物。但大家仔細想想，任何一道所謂的「傳統」台菜或小吃，有啥使用到番茄或番茄醬？NO！沒有！一點也沒有！統統都沒有！既然這玩意跟台灣傳統的飲食文化扯不上任何毛線關係，為何又能佔據萬物皆可沾的C位？

番茄，顧名思義，就如同胡瓜、胡琴、胡人的「胡」字，「番」字就表示它原屬外來物種。番茄原產於南美洲，在十七世紀傳入中國大陸。但當時在中國並不普遍，鮮少栽培，直到十九世紀才逐漸普遍起來，開始成為經濟作物。至於何時傳入台灣，儘管民間普遍謠傳番茄最早是由荷蘭傳教士帶進台灣，但我認為此說法的真實性極低。雖說荷蘭統治台灣的期間（一六四二—一六六二）番茄確實已從南美洲傳入歐洲，但當時歐洲人普遍將番茄視為有毒的觀賞性作物，並未認識番茄的食用與營養價值。直到十九世紀時，番茄才開始大規模種植、成為經濟作物。番茄被引進台灣的時間點，比較可信的說法應該為一八九五年時由日本人引進，並於一九〇九年起由各地試驗場（即現今的農改場）開始試種及推廣。

HEINZ
Cream of Tomato SOUP
ARMAND BATH
made with Real Cream
HERE is the richness of pure cream, which nourishes, and the appetizing taste of ripe tomatoes, which gives a keener zest to the food that follows.
No artificial thickening or meat stock is used—nothing but tomatoes and real cream. Heinz tomatoes are sun-ripened, and gathered just when they attain their finest flavor.
Heinz Cream of Tomato Soup is perfectly prepared, ready for the table; smooth, rich and tasty. Just heat it. A fine example of Heinz quality.
Some of the 57
Vinegars
Spaghetti
Baked Beans
Tomato Ketchup
HEINZ CREAM TOMATO SOUP
All Heinz goods sold in Canada are packed in Canada

必須指出的是，此時日人引進番茄主要是為發展番茄加工事業，因此當時推廣種植的是適合加工與料理用的品種，並非是適合鮮食的。一九一八年，番茄加工事業興起，番茄原料的產地以台南為主。從一九二七年台灣出口「番茄泥」(tomato puree)與「番茄糊」(tomato paste)到日本開始，番茄也成為當時台灣主要輸出的蔬果之一。此處要強調的是，番茄直接打碎就成為「番茄泥」，若將其再濃縮就成為「番茄糊」(也有翻譯為「番茄膏」)。但不管是puree、paste，或是tomato sauce，都是作為烹煮義大利麵、披薩或燉菜時需用到的佐料或調味醬。日本人之所以需要這類玩意，主要是沙丁魚罐頭產業所需。沙丁魚極富營養，若做成罐頭，可將其浸泡在鹽水、葵花油、沙拉油或番茄醬內。由於「茄汁沙丁魚」本身就是義大利著名的傳統農家菜，所以茄汁沙丁魚也就成了沙丁魚罐頭中的重要品項之一。

不過，上述的番茄醬（即番茄糊、番茄泥）與我們現今熟知吃麥當勞薯條所沾的番茄醬（ketchup）可說是兩回事。江湖上有一派說法認為，ketchup 源自於廣東話的茄汁（ke-jiap）或閩南語講的魚露（kê-tsiap），不管他是廣東還是福建，我們只知道現今流行的番茄醬味道與配方為一九〇六年由美國的亨氏食品（Heinz）確立。亨氏的產品集中於各類調味料與醬料，當時創辦人Henry John Heinz 曾盤點自家品項，發現共有五十七種，因此亨氏後來的廣告與產品設計都喜歡拿「五十七種變化」（57 varieties）當作賣點。而其於一九一〇年的番茄醬廣告上，甚至特別強調不含防腐劑苯甲酸鈉與其他藥物（Free from Benzoate of Soda or other drugs）。

食物搭配蘸醬是全球各地飲食文化都出現的現象。日本人吃生魚片沾芥末醬，越南人吃春捲時沾由魚露摻料製作的甜酸汁（Nước chấm），美國人吃生菜沙拉時淋上凱薩醬或義大利醬，義大利人吃麵包時則會沾由橄欖油和巴斯米克醋調出來的油醋醬。世界各地存在著無數的醬料，即便是相同的配料蘸醬，也會因地域的不同而出現製作方法或原料比例上的差異。當然，台式飲食也有各類醬料，不管是台中人愛到卡慘死的東泉辣椒醬，端午節吃肉粽必備的甜辣醬，或是嘉義人連吃涼麵都會配的美乃滋。每種蘸醬都獲得了一定數量的擁護者，而台灣為數眾多的美食作家與部落客也早把這些醬料與小吃寫到讓人讀了只覺得千篇一律、索然無味的貧乏面貌。

講到這不得不順道提一下。台灣真的不大，嚴格說來能拿到檯面上討論的美食也不多。在這美食評論家早已比美食還多的小島上，美食作家真的很可憐，能寫的美食小吃就那幾樣：滷肉飯、牛肉麵、蚵仔煎、肉圓、大腸包小腸……（族不繁但懶得備載）。面對競爭如此激烈的寫作環境，每位作家只能挑選不同商家的美食進行書寫，同時在形容詞上搞軍備競賽：你說A家的滷

1939 年，世界博覽會在美國紐約盛大舉行。亨氏食品特別在展場內蓋了一座帶有穹頂（dome）的亨氏展館，展覽自家各類產品。而當時亨氏在雜誌刊登廣告，還下了個「榮耀世博」（Glorifying the World's Fare）的標語。

亨氏食品初期的廣告以強調自家番茄醬的美味與獨特為主，但自 1930 年代起開始將「營養」一併列入行銷的重點。因此廣告出現青春期少年，暗示此能符合他們這段時期的營養需求。

肉飯好吃，我就來寫B家滷肉飯的美味；你寫說吃下後舌尖產生悸動，我就說味蕾在舌尖上跳舞；你說這家堅持用豬後腿肉，我就講老闆每天凌晨都親自去肉攤採買；你寫這家滷肉飯的肥瘦比例完美，我就說那家吃起來不柴也不膩。反正寫到後來，大家寫的主題都差不多，內容也大同小異。只要你寫到的那家滷肉飯確實是多數鄉民吃過認可的，立馬備受肯定。但倘若你寫錯家，就會立馬陰溝翻船。

回到正題。儘管番茄加工產業於日據時代即已引入，但其所生產的番茄糊、番茄泥跟台灣在地的飲食根本毫無半毛線關係。這就如同一九六〇、七〇年代台灣的加工出口區裡，生產了一堆專供外銷出口的產品，但這些產品卻不會流入台灣內部市場。一方面是台灣人根本用不到，另一方面則是當時台灣人根本買不起。一九三七年中日戰爭爆發時，日本因軍需浩繁，當時沙丁魚罐頭產量因此破紀錄，超過一百萬箱。為了配合罐頭產量的增加，日本只好求助義大利購買番茄糊。不過，義大利的生產成本高，從義大利運往日本又曠日廢時，日人因此決定在台灣大力推展番茄種植。一九四〇年時，全台番茄種植面積已突破二千公頃，產量約二萬公噸。當時番茄糊罐頭的出口量達到五十萬箱，其中三十萬箱銷往歐美，二十萬箱出口日本，番茄加工產業可說是蓬勃發展。但自一九四二年起，因為日本於太平洋戰爭漸呈敗勢，對外航路受阻，沙丁魚罐頭被迫減產，因此間接影響台灣番茄的生產量。一九四三年台灣番茄的種植面積已急遽下降至五百九十三公頃，產量僅有三千七百七十四公噸。而到了戰爭末期的一九四五年，番茄種植面積更銳減至一百三十四公頃，產量則萎縮到八百六十三公噸的水平，此時台灣的番茄加工產業幾乎已完全瓦解。

寫到這裡大家應該不難發現，若非日本殖民統治，台灣人是無緣接觸到番茄的。而日人引進番茄的目的也並非為了增加台灣人飲食的多樣性或提高台灣人的營養健康，當然更不可能是因為傳說中的台日友好所致。日本人將番茄引進台灣的理由很簡單，就是為了滿足殖民母國對番茄加工品的需求。

第二次世界大戰結束後，各國開始努力重建經濟，日本的沙丁魚罐頭產業也逐漸復甦。但日本仍舊面臨番茄醬短缺的問題，因此曾向美國購買了二十萬箱番茄醬。不過，美國佬的東西比較貴，日本人買的心不甘情不願。與此同時，台灣正好想重建鳳梨罐頭產業，正需重新開拓海外市場。當時台灣民間的鳳梨罐頭業者組織了「民營鳳梨罐頭聯營處」，並派出代表楊宗城於一九五一年八月前往日本，洽商鳳梨罐頭出口事宜。沒想到鳳梨罐頭的問題談到一半時，日方代表突然聊到番茄糊的事情，表示美國佬的番茄糊很貴，台灣若能重建大戰初期的番茄加工產業，馬上就能恢復以往的番茄貿易關係。結果楊宗城不但把鳳梨罐頭的事情搞定，還意外獲得五萬箱番茄醬的訂單，為此，楊宗城還特別在日本購買了一批番茄種籽帶回台灣。

楊宗城返台後，民營鳳梨罐頭聯營處便開始大張旗鼓準備生產番茄糊的事宜。首先，由於戰後番茄加工產業幾乎已全數瓦解，他們決定投資重設番茄罐頭工廠。其次，他們複製日據時代的模式，同樣以台南為中心，推廣番茄種植。一九五一年十一月二十八日，在各界的期盼下，資本額計新台幣九十萬的「大中華食品股份有限公司」成立，於一九五二年一月開工。經過三個月努力加班，大中華食品股份有限公司終於在一九五二年四月交出首批一萬五千箱番茄糊。其後大中華食品與日本的生意也還算順暢，只是有時產能趕不上進度，無法完全滿足日本買方的需求量。

第五卷 第六期

番茄栽培經驗談

臺南市安南區 楊金色

番茄活着後，莖葉生長頗爲旺盛，腋芽發生也多，如果任它生長，莖部分岐多，過於繁茂，雖然着花多，有結果，落果也是很多的，影響收量不佳。所以要使番茄結果良好，應該要行整枝、摘芽、摘果等工作。

讀者園地
豐年

整枝方法，採用「單幹整枝法」或「雙幹整枝法」都可以，我認爲「單幹整枝法」比較好。就是僅留主枝，把腋芽(側芽)全部摘除。摘芽以外，還要摘芯。摘芯就是番茄第三或第四果房(第一果房在下面，由下向上數)以上的頂部，等到已經確實着果以後，上面的心部，也要摘去。摘除腋芽的工作，要提早施行，不宜任腋芽生長過長。

結果後摘除主幹心部
只留主枝，腋芽，側芽全部摘除。

要使番茄果形整齊，色澤良好，發育均等，必行摘果。即果實有拇指大的時候開始，不整形的及有傷害的果實必須除去。摘芽摘芯時用手，摘果時用剪刀。

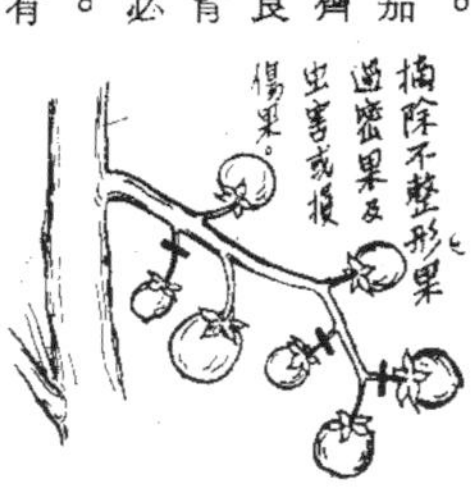
摘除不整形果，過密果及虫害或損傷果。

夏季栽培中，常遇降雨並且溫度也高，因此果實很容易發生病害，如黑斑病及青枯病等。黑斑病不但侵害果實，莖葉也會被害。青枯病的發生和茄子一樣的，莖葉萎凋，終至枯死，而且傳染力很大。如有發見，隨時拔除燒却，同時株跡必須施放木灰加以消毒。蟲害，如椿象蟲和青蟲等，應該提前預防。發見的時候，隨時撒佈BHC，或砒酸鉛等藥劑來驅除，但是施用藥劑的果實，收穫時應先洗滌清潔。

四月下旬定植的番茄，六月中旬就可以收穫。上午收穫比較好。果實比較新鮮。收穫期最好選連續的晴天，以免影響果實的貯藏力。

番茄加工產業若要持續發展，就必須掌握穩定的番茄原料供應。因此《豐年》半月刊三不五時就會刊登文章，指導農民栽種番茄的技巧。

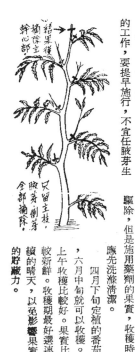

隨著日本市場的開拓，台灣的番茄種植面積逐漸增加。一九六〇年番茄種植面積已達到二千五百九十一公頃，超過日據時代的紀錄。但歷來農產企業與原料生產必定存在著不協調的狀況，只是程度大小，各有所異。簡單來說，番茄醬工廠的出貨量增加時，對番茄原料的需求就會增加，這時就會出現番茄價格翻漲的狀況。但當工廠出貨量變小時，農民就會面臨番茄無處可賣的困境。因此，每隔幾年市面就會出現番茄盛產價跌的狀況。但麻煩的是，這些番茄都是適合加工的品種，並不適合直接鮮食當水果吃。即使流入市面，也沒啥人會買。為了解決番茄生產過剩的問題，一九五〇、六〇年代期間，坊間的報刊雜誌就會三不五時刊載文章告訴讀者，番茄是非常營養的蔬果，非常適合做成菜餚食用，同時還得創造發想出使用番茄入菜的食譜。常見的菜色如番茄豆腐、番茄炒蛋或番茄牛肉湯，這些感覺起來都還算正常，但當時甚至還出現番茄炒高麗菜和油炸番茄這類看起來莫名其妙的暗黑料理食譜。同樣為了解決番茄難吃的問題，台南人因此發展出番茄直接沾醬油膏、薑泥、甘草以及白糖的神妙吃法。雖然有網路鄉民認為這種吃法就是狂，或強調這才是真正的古早味。但重點在於，會出現這種詭異的吃法就是因為早期的番茄太難吃了啊！如果你吃的是甜美的愛文芒果、玉荷包荔枝或聖女番茄，還需如此大費周章嗎？！

另一方面，台灣自己也開始嘗試生產自己的沙丁魚罐頭。不過，最早宣稱自產沙丁魚罐頭的高雄新興火腿廠，卻被抓包裡面使用的是虱目魚。而讓鬼王我更不解的是，這家號稱製作火腿的工廠生產假沙丁魚罐頭就算了，它同時也還生產煉乳罐頭，感覺起來守備範圍其大無比。但無論如何，本土沙丁魚罐頭產業的興起同時也刺激了番茄加工產業的發展。然而，鬼王我於此處還是得苦口婆心再次強調：台灣人對番茄醬（ketchup）仍處於陌生的狀態。唯一可喜可賀的是，因為各類茄汁魚罐頭（鯖魚、沙丁魚）的出現，台灣人發展出「罐頭麵」的吃法。罐頭麵的作法非常

第八卷　第十四期

番茄做的家常菜

楚千

番茄是既便宜又營養的蔬菜，富含甲種及丙種維他命。不但生吃味道很美，就是用來做菜煮湯，也很相宜。現在介紹幾種用番茄做的家常菜，各位主婦們不妨一試。

番茄豆腐

老豆腐二十小塊，番茄三個。

豆腐放油鍋中兩面煎黃，加鹽，醬油及少許糖後，再加水煮至中間發生小孔時，就可加入已切成片或塊的番茄，蓋鍋煮開，即可起鍋。

如用水份多的嫩豆腐，就不必煎黃，只放油中略炒，即可加調味料和番茄等同煮。

也可做成番茄豆腐湯。將嫩豆腐四大塊，切成小塊，放鍋中加水一大碗，放適量食鹽煮開，加入已切成塊的番茄，再蓋鍋煮至沸滾，即可盛起。

番茄炒蛋

鷄蛋或鴨蛋，打入碗中，用筷儘量攪碎，使蛋白與蛋黃和勻，加入適量的鹽。鍋中放適量的油（宜稍多），燒熱後，將蛋倒入略炒，熟了就可盛起。

再另起油鍋，放入切好的番茄，翻炒數下，加少量鹽，再將蛋倒入拌炒均勻，這是一只孩童十分喜愛的菜。

番茄炒蝦仁

蝦半斤，去頭，剝殼，並且將背部的腸泥抽去，洗淨；番茄洗淨切片。

先將番茄放油鍋中炒熟，取起；另起油鍋，待油沸熱後將蝦仁倒入，很快地翻炒數下，加鹽炒透，再倒入番茄同炒均勻即可，味道鮮美無比。

油炸番茄

鴨蛋兩個，打碎後，加入半飯碗麵粉中，加鹽和勻成麵糊。

番茄五個（不要太大的），每個切成兩半，共計十塊。將每塊番茄放入麵糊中，使番茄外面沾滿了麵糊。然後起油鍋，油要多放一點，待油熱後，將番茄放油鍋中炸，至外表成金黃色即可。

番茄排骨湯

小排骨一斤，洗淨，加水須淹過排骨，放爐子上，先用大火燒開後，改用文火慢慢燉。約一小時半至二小時，排骨已酥爛，加鹽和番茄，蓋鍋再煮至沸滾就好了。湯既鮮美，又富營養；而且酥爛的骨頭，細細嚼之，肥美無比。

如將排骨換爲牛肉，用番茄同煮，也是一道味美而富營養的湯。不過牛肉要選肋骨旁邊的肉，比較肥嫩；煮的時間也較排骨要多約一小時，因爲牛肉沒有排骨容易爛。

以上幾個菜，都很容易做而且經濟。番茄的配合量並不一定，可隨各人的愛好而增減；而且番茄切成什麼樣子，也可隨意，片或塊均可。不過除掉炒的以外，番茄煮湯時，放入鍋後必須蓋鍋，並且不宜多煮，只要煮至沸滾即可，否則番茄中的丙種維他命，就易被破壞，而失去其營養價值了。

如同過往，每當出現農產品生產過剩和滯銷的狀況時，《豐年》半月刊就會設計出各種神妙的食譜，設法透過民眾的胃來解決產銷問題。

簡單，基本上就是水燒開後將罐頭倒入，再放入麵條煮熟即可。至於要不要加點青菜或其他配料，就看媽媽的心情與家中有啥食材。因為罐頭麵的出現，讓台灣人終於有機會開始適應番茄醬的酸甜滋味。但對番茄醬這玩意要有充分的認知與感受，還需等可果美的到來。

一九六七年十月六日，由台南食品工業股份有限公司、日本可果美公司與三井物產公司等三家公司合資設立的「台灣可果美股份有限公司」在台北市的國賓大飯店舉行成立會議，三家公司所佔的股權分別為百分之五十一、百分之四十、百分之九。台灣可果美公司將於台南善化建造工廠，佔地四萬四千平方公尺。至於台灣可果美生產的產品除將輸往香港、泰國、菲律賓等東南亞國家，「還將供應台灣市場的需要」。看到前面這句話，相信不少人必定會好奇：既然台灣先前出口的番茄加工產品是與台灣本土飲食文化毫無瓜葛的番茄泥和番茄糊，如今可果美宣稱未來「還將供應台灣市場的需要」，究竟是怎麼一回事？原來，可果美公司在台灣也將同時生產日後大家都熟悉的「可果美番茄醬」，在台灣推廣販售。

雖說番茄醬在歐美國家早已是如同民生必需品的存在，且由於麥當勞、肯德雞等速食業者帶動油炸食品的風行，吃油炸食品時都會沾番茄醬，所以番茄醬的味道對歐美人是非常熟悉的。此外，日本從戰後就開始大量引進西式飲食，同樣也逐漸熟悉番茄醬的味道。但對台灣人而言，番茄醬的酸甜口感可說是全新且陌生的。台灣可果美要推廣番茄醬，當然得讓民眾知道番茄醬的吃法與用法。依照歐美的習慣，番茄醬最適合當作油炸食品的蘸醬。因此從一九七〇年代起，報刊上就開始出現使用番茄醬最為配料蘸醬的食譜。例如，當時農復會就曾研發出「炸魚排」的食譜，教導民眾可搭配番茄醬沾著吃。

除了番茄醬，可果美也同時推出「番茄汁罐頭」，但番茄汁在台灣市場的接受度一直不高。

油炸食品搭配番茄醬確實是絕配，但油炸食品對一九八〇年代前的台灣人來說卻是非常奢侈。大家都知道，炸東西的前提就是油量要足要夠。平常我們炒個青菜只需放一湯匙的油就夠了，但炸豬排可能就要用掉幾百毫升的油。受限於自然地理環境，台灣的油籽作物生產並不興盛，也因此植物性食用油的價格相對地一直居高不下，這也是早期台灣人特別喜愛吃豬油拌飯與紅燒肉，以及炒青菜要用豬油的原因之一。其目的就是藉由增加動物性油脂的攝取，以滿足人體對油脂的整體需求。

當食用油的相對價格較高時，吃油炸食品當然也就不划算，此外，而這也間接反應出食安問題。早期台灣賣臭豆腐與油條的小販商家，使用的幾乎都是萬年回鍋油。店家老闆頂多拿個濾網將沉澱在油鍋底下的食物殘渣撈起。這些油可說日復一日，炸了又炸，直到回鍋油黑到食物沉下卻看不到蹤跡時才換新油。食用油變得廉價要等到台灣開放美國黃豆進口，沙拉油產業從一九七〇年代開始蓬勃發展，並於一九八〇年代成為台灣食用油的主流後，才有所改變。此處鬼王我就不得不雞婆一下，順道提個台灣飲食史小常識了。某些美食作家部落客說鹽酥雞是台灣的「傳統」小吃，這根本是無腦智障的鬼扯。鹽酥雞攤要能在大街小巷林立，前提必定是食用油變得便宜價廉，且大家要能富裕到把肉當零嘴吃。所以，鹽酥雞與炸物的興起是一九八〇年代才發生的事。

既然吃油炸食品太奢侈，可果美就難以透過蘸醬的形式來促銷推廣番茄醬。因此，一九七〇年代番茄醬開始在台灣出現時，讓它慢慢流行的主因並不是油炸食品，而是某種全新且詭異的料理——「番茄醬炒飯」，也就是俗稱「炒紅飯」。

番茄醬炒飯源自於日本的「蛋包飯」，日式蛋包飯基本是就是以番茄醬當作炒飯的醬料，最後再包裹在蛋皮裡。不過，對當時多數台灣媽媽們來說，要煎出平整的蛋皮實在不是件容易的事。這並不是媽媽們的烹飪技術差，而是工具不合所致。因為當時西式平底鍋還不普及，幾乎全台所有家庭用的都是傳統中式炒鍋。若要強求媽媽們用中式炒鍋煎出一張漂亮的蛋皮，似乎有點不太人道。雖說蛋皮不好煎，但用番茄醬炒飯並不困難。如果是番茄醬蛋炒飯，最後再配上蔥花，就再美味不過了。因此，番茄醬炒飯從一九七〇年代起逐漸成為許多小朋友重要的飲食記憶，自此，番茄醬的味道才慢慢開始普及。

雖說番茄醬靠著炒飯打響了知名度，但如果番茄醬只能當作炒飯時的佐料，這樣的市場需求量實在不大，大家更不可能每天三餐都吃番茄醬炒飯。況且地方的媽媽們通常是不知道要煮什麼樣的飯菜給家人吃時，才會做番茄醬炒飯。所以單憑個番茄醬炒飯，根本不太可能替可果美創造太大的市場。

另一方面，從一九八〇年代起，隨著台灣工資提高，契作加工番茄的成本也增加許多。當時的研究就顯示，加工番茄的栽培成本中，人工費用就佔了總生產成本的百分之六十九。各項人工費用中，又以採收的工資最重，佔了總成本的百分之四十以上。因此，即便可果美的產品不只有番茄醬，還有番茄汁等其他產品，但礙於不斷提高的工資成本，可果美的獲利空間因此不斷被壓縮，甚至於一九八〇年代初期還曾出現經營困難的情況。

一九八四年麥當勞設來台設立店，除了帶動西式速食的風行，同時也間接帶動著薯條、炸雞等油炸食品的普及，而這些西式速食當然少不了番茄醬。另外，一九八〇年代「美而美」台式早餐店興起，此種台式漢堡、三明治也會模仿西式速食店，大量使用番茄醬塗抹於吐司麵包與漢堡麵包上，這也擴大了番茄醬的市場需求量，同時也讓番茄醬的味道更為普及。自此開始，番茄醬在台灣的發展也就一帆風順，對於一九八〇年代後出生的世代而言，番茄醬就是萬物皆可沾的好醬料了。

其實對番茄醬的熱愛並不僅限於台灣的年輕世代，全世界許多國家皆是如此。話說二〇一四年初阿根廷因為錯誤的外匯政策，而導致貨幣貶值，頓時許多進口物資都出現短缺的現象，當時阿根廷境內無法供應番茄醬的麥當勞分店超過二百家以上。結果阿根廷民眾因為吃不到番茄醬而遷怒總統克里斯蒂娜・基什內爾（Cristina Fernandez de Kirchner），紛紛上網抱怨，在推特上警告總統：「千萬別跟番茄醬作對啊，克里斯蒂娜！」當阿根廷廣大的人民群眾都可為了番茄醬而鬧到網路暴動，那年輕人連吃水餃都要沾番茄醬，似乎也就不是個事兒了。

如今番茄醬在台灣庶民的飲食生活中已佔據不可或缺的地位，番茄醬的市場也被打開。但因台灣農業生產成本越來越高，所以番茄加工產業紛紛改採國外進口的番茄原料，致使台灣的番茄種植面積自一九八〇年代中期後變逐漸銳減。另一方面，台灣人自己又開發了許多適合鮮食的小番茄品種，所以大家習慣番茄醬的同時，也逐漸養成吃鮮果小番茄的習慣。若從文青的角度出發，番茄醬不但與台灣傳統的風土扯不上關係，製造番茄醬的原料更摻雜了許多人聽到就嚇得屁滾尿流的添加物。對於許多美食作家部落客而言，它甚至是拿不上檯面討論的醬料。但不能否認的是，台灣的年輕世代早已普遍接受番茄醬，甚至其他醬料受歡迎的程度，以及被應用於各類食

SilviOk #SeRobaronLasVa...
@SaltoLaTermica
Con el ketchup no Cristina! Con el ketchup no.
4:50 a. m. · 4 feb. 2014
5
1
Compartir este Tweet

長期以來，阿根廷經常面臨通膨、外匯不足的問題，民眾早就習以為常。但當外匯不足到連麥當勞都無法進口番茄醬時，老百姓就再也坐不住了，紛紛上網向總統開罵：「千萬別跟番茄醬作對啊。」（Con el ketchup no.）

物的廣度，都無法與其匹敵。簡而言之，番茄醬早已佔據萬物皆可沾的C位。不過，即便鬼王我洋洋灑灑寫了七千多字來討論番茄醬，仍舊堅持吃薯條只沾鹽巴。

—

附註：本文改編自作者〈番茄醬：殖民遺產、在地疏離〉，原載於陳建源主編《醬・書寫：在地與越境的醬風景》，二〇二〇，台中：國立中興大學。

6

半世紀的傳奇：養樂多

生菌 酵母乳
養樂多
CHLORELLA YAKULT
每日專送府上
電話訂購請撥 53335
國際酵母乳業股份有限公司
台北市民生路288號

6

台灣男人聚在一起時有兩大共同特點：一、聊當兵生活；二、吹噓搖擺自己的酒力。如同每個男人總愛掰扯自己當兵時有多操、有多神勇般，彷彿若少了他，整個部隊連最基本的早點名、晚點名都沒辦法達成。男人談論自己的酒力時也差不多，不外乎昨晚和某某大咖吃飯，一起幹掉兩箱台啤，一個人喝完三瓶紅酒，或一群人拚掉半打威士忌外加三瓶高粱之類的。講到底，男人間的話題就和總統道歉萬用稿一樣，千篇一律、了無新意，毫無創意可言。

先別管酒力了，你聽過拚養樂多的嗎？

拚養樂多聽起來真的很稀奇，但這還真的比拚酒還更具挑戰性。二〇一五年四月，台中就有個眼鏡男在朋友的起鬨下，為了一萬元的賭注，決定挑戰二十分鐘內喝完二十瓶養樂多的比賽。結果才喝到第十瓶時，肚子就開始絞痛、甚至嘔吐。但身旁友人持續起鬨，將賭注加碼到十五萬時，眼鏡男決定繼續努力。結果到後來，眼鏡男卻越來越痛苦，眼神開始呆滯，到了最後一刻前終於開始狂吐，功虧一簣，即將到手的十五萬也就飛了。

為何看似不起眼又不含酒精的養樂多會讓年紀輕輕的大男生狂吐呢？養樂多是種含有豐富乳酸菌的活菌發酵乳，適量飲用確實有整腸的效果。但醫生建議一天只要喝個二百至三百CC就好，喝多了就會出現脹氣導致嘔吐的現象。至於養樂多的創始者，當然就是體質似乎特別敏感、動不動就會鬧腸胃病的日本人。（你想想看，如果日本這民族個個身強體健、鮮少鬧腸胃病，還會發明正露丸、表飛鳴、若元錠這些歷久不衰的名藥嗎？）

一九三〇年，日本的微生物學家代田稔（しろたみのる）成功培育出一種有益於腸胃的乳酸菌，他便將此命名為「代田菌」。而從一九三五年起，代田開始在福岡製造、銷售養樂多，並於一九三八年為養樂多申請了註冊商標「Yakult」。至於Yakult是啥意思呢？其實它是取自「世界語」的酸奶「Jogurto」發音，等同於英文的「Yogurt」，也就是優格、酸奶的意思。不過在日本侵華期間，代田被徵召進入陸軍擔任軍醫，生意因此中斷。戰後的一九五〇年，代田稔成立了養樂多公司，養樂多便逐漸成為日本戰後孩童們日常生活中的飲品。

養樂多之所以廣受歡迎，除了保健功效外，另一項原因就是其略帶微酸的好味道。通常乳酸菌都會有股發酵後的酸味，一般人不會喜歡，因此養樂多內除了代田菌以外，還添加脫脂奶粉、香料，以及大量的糖，用以調整裡面的糖酸比例，養樂多的獨特味道也就孕育而生，很少有小朋友能抗拒養樂多的滋味。這也難怪，有些人就抨擊標榜健康的養樂多其實是非常不健康的健康食品。每瓶一百毫升的養樂多含糖量就高達十三點六公克，但是根據世界衛生組織的建議，四至六歲的幼童每日攝取糖分不應超過二十公克。換言之，喝個兩瓶就超標了。

不過，健康與否不是本文的重點，我們還是回到養樂多本身。

另一項讓養樂多廣受各界歡迎的原因，則是日本養樂多公司於一九六三年發展出來的「養樂多媽媽」系統。「養樂多媽媽」其實是台灣的俗稱，這群人在日本被稱為「養樂多小姐」（ヤクルトレディー）或「養樂多歐巴桑」（ヤクルトおばさん）。不同於傳統的店面販賣型態，養樂多媽媽就如同養樂多公司組織下的宅配大軍。養樂多媽媽們每天早上做完早餐，將孩子、老公送出家

門後，就騎著腳踏車、摩托車，或推個小推車就在大街小巷內推銷販賣，同時也將養樂多送到每個訂戶的家中。

當然啦，面對面的接觸、彼此寒暄幾句、關心訂戶家中成員的健康，除了能穩固既有的訂戶外，還能藉由他們的介紹與口碑，擴大訂戶的範圍。對於這群養樂多媽媽而言，這份工作不但能增加收入、貼補家用，彈性的工作型態又能滿足她們的家務需求。自從養樂多建置了機動性超強的媽媽宅配大軍後，業績馬上迅速成長。一九六〇年，在苦命阿信的故鄉、窮鄉僻壤的山形縣，每天可以賣出一萬四千瓶養樂多，但自從一九六三年引入養樂多媽媽體系後，每天的銷售量馬上竄升到二萬五千四百瓶，業績成長了百分之八十二。一九七二年養多樂於日本境內的銷售量達到歷史顛峰，當時每天平均銷售的養樂多達到一千六百萬瓶。而一九七三年則是養樂多媽媽大軍的全盛時期，當年度的養樂多媽媽共有六萬五千七百人。

時至今日，養樂多媽媽依舊是養樂多公司各類產品的銷售主力，日本的養樂多媽媽仍保有四萬二千五百人的規模。據說將近百分之六十的產品銷售量，都是養樂多媽媽所貢獻的。至於養樂多公司如此依賴養樂多媽媽系統的原因？根據日本養樂多公司高層的說法，是因為他們認為飲料市場瞬息萬變，若將資源一直投入在廣告上，將所費不貲。就在養樂多媽媽幫養樂多公司賺大錢後，養樂多也決定進軍海外市場，而他們的第一站就是台灣。

一九六三年三月經濟部的「華僑及外國人投資審議委員會」審查通過養樂多公司投資台灣的「國際酵母乳業股份有限公司」申請案。日本養樂多公司將以技術合作的方式，投資四萬九千美元，其中三萬七千零八十元是從日本運來的機器設備，而剩下的一萬一千九百二十元則是原料。至於「國際酵母乳業股份有限公司」又是什麼來頭呢？「國際酵母乳業股份有限公司」的創辦人李團居是當時茶葉界鉅子，他曾擔任台灣區茶輸出業同業公會的理事長與台北茶業股份有限公司董事長。講到這，就不得不補充一下，一九五〇、六〇年代台灣茶葉出口非常旺盛，當時茶商都絕非簡單的人物，包括多年後擔任養樂多董事長的陳重光，本身也是大稻埕的茶商，年輕時曾將台灣茶賣到滿州國。而李團居同時也是台灣第一家生產泡麵的「國際食品公司」的創辦人（一九六八）。這樣說來，他還真是改變戰後台灣飲食發展史的重要推手之一。

除李團居之外，另一位重要的創辦人則是常務董事兼總經理黃崇西。黃崇西曾擔任過台北市議員，一九五〇年成立「台隆貿易社」，代理經銷日本的石橋輪胎（Bridgestone，普利司通輪胎）；一九六三年又成立「台隆工業」，生產「石橋牌機車」。說起黃家的台隆集團，還真的是不查不知道，一查嚇一跳。一九七七年台隆集團設立「百吉食品股份有限公司」，專門生產「百吉冰棒」。當時百吉冰棒可說是全新的產品，早期台灣的市面販售的冰棒不外乎兩種：一、雜貨店自製用冷凍袋裝的冰棒；二、底部插有木片的冰棒。但百吉冰棒的造型就如同直笛般的長條型，頂部則又像是個胖嘟嘟的大奶嘴。吃百吉冰棒時得用雙手扭動將胖奶嘴掰開，冰棒折斷時就會發出「啵」的一聲。正是這個「啵」聲，所以當初品牌創立時就以「POKI」命名。百吉初上市時，還曾找陳美鳳擔任電視廣告的麻豆，可說是台灣第一個在電視上打廣告的冰品。此外，包括台隆手創館、連鎖藥妝店松本清，也都是黃家的事業。

一九六四年三月九日，台灣的養樂多工廠正式於新莊落成開幕。（咦，這不就是鬼王我的生

6

早期養樂多廣告就強調「每日專送府上」，並不在市面販售。

日嗎？）神奇的是，台灣養樂多從一開始就決定採用養樂多媽媽的銷售型態，產品每天由工廠直接送抵客戶手中，而不在市面上銷售。當時養樂多的行銷策略就是以健康訴求為導向，將養樂多定位為「保健酵母乳」，強調養樂多內含有世界唯一的養樂多菌（代田菌），而且是經過實驗證明可以消滅胃腸內有害的病原菌，包括如痢疾菌、霍亂菌、傷寒菌等。此外，養樂多菌的代謝產物計有：可以預防腳氣病及神經炎的維他命B1，可以促進發育、消除疲勞的維他命B2，可以使皮膚光鮮亮麗的維他命B6，可以防止貧血、使面色紅潤的維他命B12，以及可以殺菌、整腸的乳酸等。

你想想看，有哪種藥物能夠治療霍亂、傷寒，又同時能消除疲勞，讓你變得漂亮美麗？更何況這只是瓶小小的飲料而已。面對如此美味好喝、而且具備多重醫療保健療效功能的飲品，有誰能拒絕呢？因此，養樂多在台上市後，業績就不斷攀升成長。一九六四年養樂多剛成立生產時，當時的基本訂購戶只有八千，但到了一九六九年，訂戶數就已達到二十萬戶。至於銷售量部分，一九六八年的每日銷售量就達到二十萬三千瓶。在預估市場還有極大成長空間的狀況下，台灣養樂多公司決定增設產線、擴充產能，將日產量從每日二十五萬瓶提升至四十萬瓶的規模。

養樂多之所以會大受歡迎，除了好喝與勤勞的養樂多媽媽以外，更重要的是原因就在於養樂多的形象實在好到不像話。上面曾說過，從最早推出時，養樂多就被定位為保健酵母乳，被塑造成恍如仙丹妙藥的神奇飲品，不但能治療霍亂、痢疾、傷寒、貧血，甚至能預防腳氣病、消除疲勞。台灣養樂多公司也很厲害，養樂多發明人代田稔博士一九六四年前來台灣考察業務時，公司還刻意安排他參加醫學會議，以〈乳酸菌在預防醫學上之應用〉為題，進行專題演講。

台灣民間總是這樣認定：良藥苦口，養生的一定不好吃。不過，泥砍砍、泥砍砍，台灣養樂多早在半世紀前就成功地將「養生」與「美味」充分結合。更重要的是，它不僅僅是廣告形象而已，人家還參加醫學會議發表演講，彷彿有科學驗證、有大師加持一樣，這樣的產品怎麼會不成功？

產品定位成功也就罷了，養樂多的公關能力也是一流的。

從一九六六年開始，養樂多都成為許多比賽的贊助商。不管是一九六六年舉辦的「介壽杯橋牌賽」，或同年度的「金球盃少年籃球賽」等，養樂多都大方提供飲料給參賽選手們飲用。此外，據說一九六八年「中國雲裳小姐」選拔大賽期間，獲選進決賽的十位佳麗某次於大飯店聚餐時，服務生問要喝啥飲料，某位佳麗提議喝養樂多，服務生便興沖沖地跑去外面的雜貨店，買了二十瓶養樂多。除了每位佳麗人手一瓶外，連旁邊協辦此次聚會的工作人員也都分到一瓶。大家一起喝完養樂多，每個人都笑呵呵，覺得非常好喝、非常幸福、非常快樂、人生有夠美好。

鬼王我相信，只要是智商高於七十的正常人，即便是新冠肺炎採檢呈現陽性也罷，都能看出這則新聞的的弱智程度。你跑去大飯店用餐還點上養樂多，這就和上高級牛排館點蚵仔煎根本沒啥差別。然後呢?然後連這種白癡到眼睛看了每個月都能長一次針眼的腦殘新聞都能被當時的報紙媒體報導，可見養樂多公司的媒體公關有多成功。

此外，當時養樂多還成功打造出所謂的「大家的健康日」。每個月逢九日時，台灣養樂多都會在報紙上刊登廣告，提醒注意胃腸健康，記得喝養樂多，使胃腸吸收營養，以增強抵抗力。經過養樂多持續不斷的努力，乳酸菌飲料在國人心中的正面形象也因此確立而鞏固。

當然，雖然養樂多初期發展十分順暢，但也曾遭遇過一些波折。一九六七年，日本那邊就傳出養樂多裡面有混入「錳」的問題。當年九月八日即有國會議員就此提出質詢，指稱養樂多對人體健康有害。日本政府厚生省因此針對養樂多進行檢驗工作，並分別於九月一日在眾議院社會勞動委員會，及九月十九日在內閣會議上發布檢驗結果，表示：「養樂多在製造上的添加物並無混入錳的事實，而且含錳量低於自來水，對人體衛生絕無妨害。」至於為何日本冒出這樣的消息，鬼王我也不清楚。但沒過多久，此新聞就傳到台灣。雖說錳本來就是人體所需的微量元素之一，它能維持骨骼的正常發育以及腦部功能的正常運作。但錳若攝取過量，對小朋友的傷害還是很大。不僅傷害腦部生長，還會導致行為異常，出現學習能力與注意力衰退的現象。由於養樂多最主要的消費族群就是孩童，所以消息一傳到台灣，家長們都非常焦急。

為了消弭社會大眾的疑慮，一九六八年五月台灣養樂多公司主動將自家產品送交給台灣省政府衛生試驗所化驗，兩次化驗結果皆顯示，養樂多的含錳量為零點零三六一 ppm、零點零三七五 ppm。而我們日常飲用的自來水，其含錳量則為零點三 ppm。換言之，養樂多的含錳量遠比自來水低了許多。省政府衛生試驗所的簡易報告出來後，無疑是還了養樂多清白。養樂多公司因此於五月十八日在各大報紙頭版刊載巨幅半版廣告，斗大的標題寫著「飲用養樂多！！對人體無害！」整個標題所想傳達的意思非常清楚，沒啥問題可言。但「飲用養樂多」後面為何要加上兩個驚嘆號？鬼王我也真的不太懂。

五月二十四日養樂多公司更邀請新聞界與文化界人士二十餘人，前往位於新莊的養樂多工廠實地參觀，除了展示工廠內部均為不銹鋼材的自動化生產設備外，養樂多公司更強調，該公司在台灣各地共有三十一個營業所，訂戶為二十萬三千戶，公司從業人員超過一千五百人。這意思就是說，他們是很大很大的公司，不可能胡搞瞎搞啦。最後養樂多公司還告訴受邀的參訪人員，台灣生產的養樂多已獲得「駐台美軍顧問團」的檢驗合格證書。

此時養樂多連「美軍顧問團」（Military Assistance Advisory Group, MAAG）都搬出來，實在是太有趣。

鬼王我要說的是，美國政府對於美國大兵的照顧可以說是無微不至，二次世界大戰期間美軍充足的食物供給，可說是羨煞其他國家的軍隊。美軍所到之處，不僅有肉品、蔬果罐頭，甚至連香菸、可樂、巧克力、口香糖都不缺。可以說美國大兵的伙食是連高貴的英國貴族軍官都羨慕不已。當時一個受邀登上美國海軍軍艦用餐的英國軍官就發現，這群美國水手兵吃的是丁骨牛排、法式馬鈴薯泥、新鮮蔬菜沙拉，飯後還享有一大杯現磨咖啡和蘋果派。據說戰爭末期許多德軍就是因為領到美軍空飄的食物補給券，決定為了領取美軍優惠的伙食而主動投降。第二次世界大戰結束後，美軍駐紮在世界各地。為了解決吃的問題，美軍勢必會向在地廠商採購。但要能將食物賣進美軍部隊內，不僅需要東西品質夠好，衛生標準更要達標。雖然在美援時代要做美軍生意是困難，但若做成了，從此穩當的訂單就到手，日後業務必然蒸蒸日上。講個簡單的例子，中山北路上的「福利麵包店」當初就是靠做美軍生意起家的。此時養樂多公司抬出美軍顧問團，也就是要透過新聞界向社會大眾喊話：如果你們連日本厚生省或台灣省衛生試驗所的報告也不信，那沒關係，但現在是美國佬都幫我們掛保證，這下總該信了吧！

就當台灣還在為了養樂多含錳的問題焦慮不已時，日本養樂多總公司則已著手重新設計養樂多的瓶裝。早期養樂多是用外觀形狀如同牛奶瓶的小玻璃瓶盛裝，但玻璃瓶有個問題：成本高，回收麻煩，而且容易破損。此外，玻璃瓶重量不輕，對每天要揹個幾百罐出門的養樂多媽媽來說，是項沉重的負擔。因此養樂多決定重新改良包裝，將原來的玻璃瓶改為由聚苯乙烯製成的塑膠容器，至於瓶身的設計則找來日本著名的現代主義室內設計師劍持勇操刀。新設計的塑膠瓶身看似平淡無奇，但細看還是有不少巧思，例如中間內縮的凹陷處則是為了讓人易於用手取放，不易掉落。此外，瓶口以鋁箔密封，能有效阻絕外部空氣，確保養樂多的保存品質。養樂多的新塑膠瓶裝於一九六八年十月首先於日本發布，而台灣養樂多公司則於一九七〇月九月決定投資新台幣一千萬在新莊原廠旁設立合成樹脂容器廠，用於生產養樂多塑膠瓶。

然而，大家都知道，通常市場上某個新產品賣得不錯，馬上就會有模仿者出現。雖然很多人會說這就是抄襲啊、山寨啊，這就是民族的劣根性等等巴拉巴拉的，但這就是市場實際運作的常態，而且世界各國皆是如此。就和可口可樂於一八八六年上市賣得不錯後，一八九〇年就冒出百事可樂，一九〇五年則又跑出 RC Cola 一樣。一百多年來，各種奇奇怪怪，阿里不答的可樂不僅在美國相繼出現，世界上許多國家也有自己當地生產的 Local Cola。舉例來說，浙江杭州娃哈哈公司就推出了「非常可樂」，同時還宣稱這項產品有獨特的民族特色，是屬於中國人自己的可樂。

當養樂多開拓出乳酸菌飲料的市場後，國內其他食品就開始仿效了起來。國信食品推出了「健健美」，味全則有「亞當」和「夏娃」，統一更將自家產品取名為「多多」。眾多食品廠之所以勇於搶食乳酸菌飲料市場的大餅，當然是看準了龐大的商機。不得不承認的是，養樂多將台灣消費者教育的非常好，搞到大家都相信乳酸菌飲料具有美容、養顏、健胃、整腸的效果，喝起來只有百利而無一害。養樂多老前輩打出大好江山後，其他後繼者可說不費吹灰之力，就賺進大把鈔票。例如，國信食品在一九七五年推出「健健美」後，隔年馬上在高雄蓋了一座全部採用自動化機器、日產三十萬瓶的全新工廠，而當時國信食品的資本額已增資到新台幣一億一千萬元。

除了商機之外，大家紛紛搶食乳酸菌飲料市場的另一項原因在於，製作它的技術門檻不高。

6

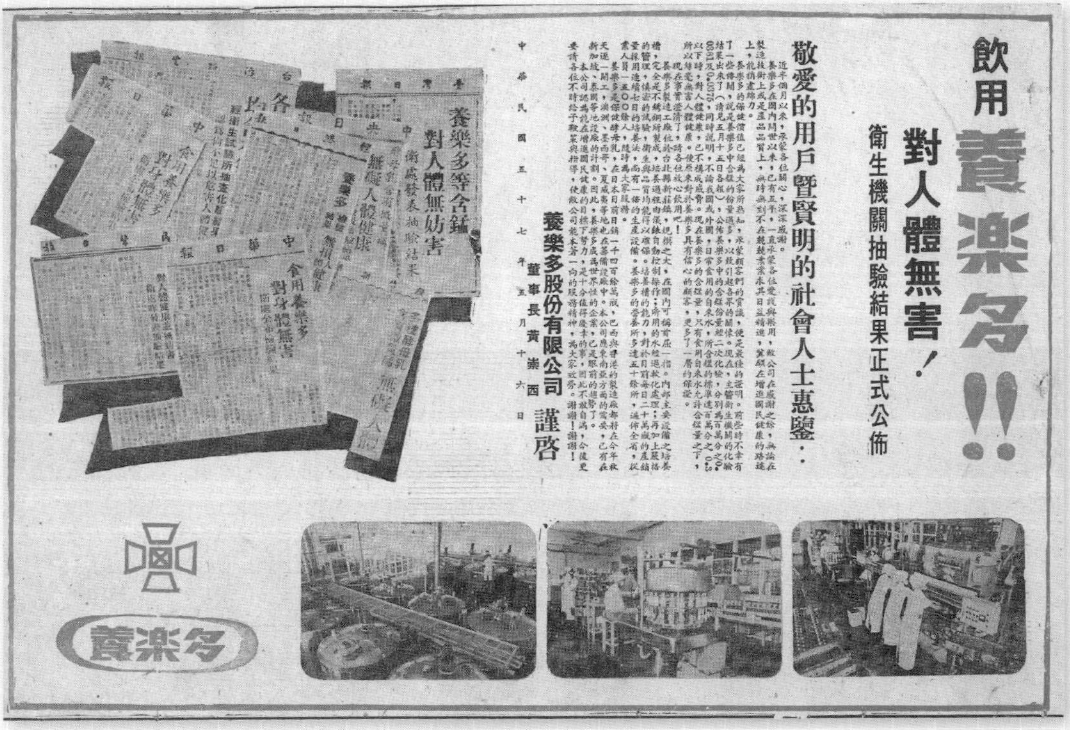

為了還自身清白，養樂多公司主動將產品送驗，同時在報紙刊登半版廣告，強調「引用養樂多對人體無害！！」

韓國養樂多媽媽配備的是看起來如同小型裝甲車的電動車，整台車就好比可移動的冰櫃。

簡單來說，這類乳酸菌飲料不外乎是由牛乳（或脫脂牛奶）經過乳酸菌的培養、發酵，然後進行均質化，加入砂糖，調整糖酸比，以及各種添加物（色素，香料），最後再加水稀釋就大功告成。不過，從一九八〇年代以降台灣社會越來越富裕、家庭開始注重兒童健康之後，專家學者們便紛紛出言提醒家長，這類乳酸菌飲料並沒有想像中神奇，「糖份很高，酸度又強」，喝完後若不趕快刷牙，很容易就導致蛀牙。

當眾多廠商紛紛搶食乳酸菌飲料市場的大餅時，養樂多原先擁有的獨尊地位自然遭受到不小的挑戰。先前在毫無競爭對手的狀況下，養樂多的市佔率當然是百分之一百。但到了一九八〇年代，養樂多的市佔率已下降到百分之五十。於此狀況下，養樂多開始推出果汁、鮮奶和運動飲料等飲品，以擴大它的產品線。不過，商場上的競爭不可能有終止的一天。新的競爭對手相繼出現（如「活益比菲多」），養樂多也只能不斷地面對新的挑戰。但令人佩服的是，直到今天，養樂多仍舊是乳酸菌飲料界的霸主，市佔率始終維持在百分之四十至五十左右。而且其在日本、韓國市場的表現也非常亮眼。

順便一提，台灣養樂多媽媽的交通工具似乎還停留在摩托車或刻意改裝走復古風的三輪車，但韓國養樂多媽媽配備的卻是看起來如同小型裝甲車的電動車，就好像可移動的冰櫃。在首爾街上，到處都可以看見她們輕鬆地穿梭於人行道上。相較之下，台灣有些養樂多媽媽似乎毫無食品冷藏的概念，在菜市場內時常都會見到賣菜同時又兼賣養樂多的小販。青菜旁就堆著好幾排養樂多，同時接受烈日的曝曬。不過，無論你常喝的養樂多，是從超商、賣場冷藏櫃取出的，還是媽媽上菜市場時順道帶回來的，養樂多的滋味還真的貫穿了半個世紀，成為不變的集體好滋味。

滋愛含有特殊乳酸菌，能維護腸胃健康
，又有維他命C及B6 B12，能從體內充份
發揮潤膚、美膚的效果，使您皮膚潔白
細嫩，不化粧也一樣嬌艷可愛。滋愛幫
助您達成美的心願。
養樂多 Joie
滋愛
活菌酵母乳
養樂多
Yakult
養樂多 Yakult
滋愛 Joie
養樂多股份有限公司
台北市松江路261號
電話：561—4325

面對激烈的市場競爭，1980 年代養樂多廣告開始強調具有潤膚、美膚與美白的效果，顯然將潛在客戶從小朋友拓展到家庭主婦。

現在台灣從事餐飲食品生意的人，大家的行銷話術似乎都差不多，講來講去都是「古早味」、「阿嬤的味道」，講的彷彿是每個世代都存在的共同記憶。不過，嚴格說來，這種兩種味道可以說是人類史上最虛無縹渺的味道。每個人經歷的生長環境都不同，你阿公的經歷和我阿公的背景也完全不同，你的古早和我的古早根本不一樣。此且，每個人的阿嬤也都不同，難不成所有的阿嬤煮出來的味道都一樣？雖然多數文青和養生魔人對於加工食品充滿鄙夷，但在鬼王我看來，但若真要細究大家都曾享有的記憶中的美好滋味，還真的要從加工食品中尋找，而「養樂多」應該算是六十歲以下各個世代所曾共享過的最美好的滋味了。

7

一輩子都與防腐劑糾纏不清的速食麵

7

泡麵是一種很奇怪的東西，愛吃泡麵的人就嗜吃如命，但討厭的人就會整天告訴你，泡麵很不營養，裡面含有超級多的添加劑，還有人說泡麵裡都有防腐劑，吃太多以後會變成木乃伊。泡麵雖然沒啥營養，但大家都知道，就算是好東西，在短時間內過量食用也會出人命。就好比水很重要，雖然水喝少了會出事，但一天內就灌進五千ＣＣ的水，絕對也會出大事。就算泡麵沒啥營養吧，但奇怪的是，將近半個世紀以來，它已成為台灣人不可或缺的民生必需品之一了。

台灣人與泡麵的關係是很微妙的，台灣人愛它愛得要死，而發明泡麵的人居然也是台灣人。話說發明泡麵的「安藤百福」，他是出生於一九一〇年的嘉義朴子人，原名為吳百福。百福爺爺年輕時就到日本工作，二次大戰後依然留在日本，並未返台。之後據說（沒錯，又是據說），據說戰後百福爺爺在街上看到許多流離失所的人，外面天氣異常寒冷，連碗熱騰騰的湯麵都沒得吃，因此希望能發明一款麵條，煮麵時只需將熱水倒入，過一會兒大家就有熱騰騰的湯麵可以吃了。經過不斷努力，百福爺爺終於在一九五八年成功研發出全世界第一碗泡麵──「雞湯拉麵」。雞湯拉麵一推出就受到各界歡迎，百福爺爺隨即成立了「日清食品株式會社」。

雞湯拉麵上市後，因為它的便利性馬上大受歡迎。一九五九年日清食品株式會社的營業額為二點四億日圓，但一九六〇年立即竄升至十五點四五億日圓，短短一年成長就超過七倍。但因為製造泡麵的技術門檻不高，所以日清的雞湯拉麵上市後才四個月，馬上就有其他廠商陸續加入競爭，日本的泡麵市場也迅速進入戰國時代。直至一九六〇年代中期，日本泡麵市場就已達到一千億的規模。

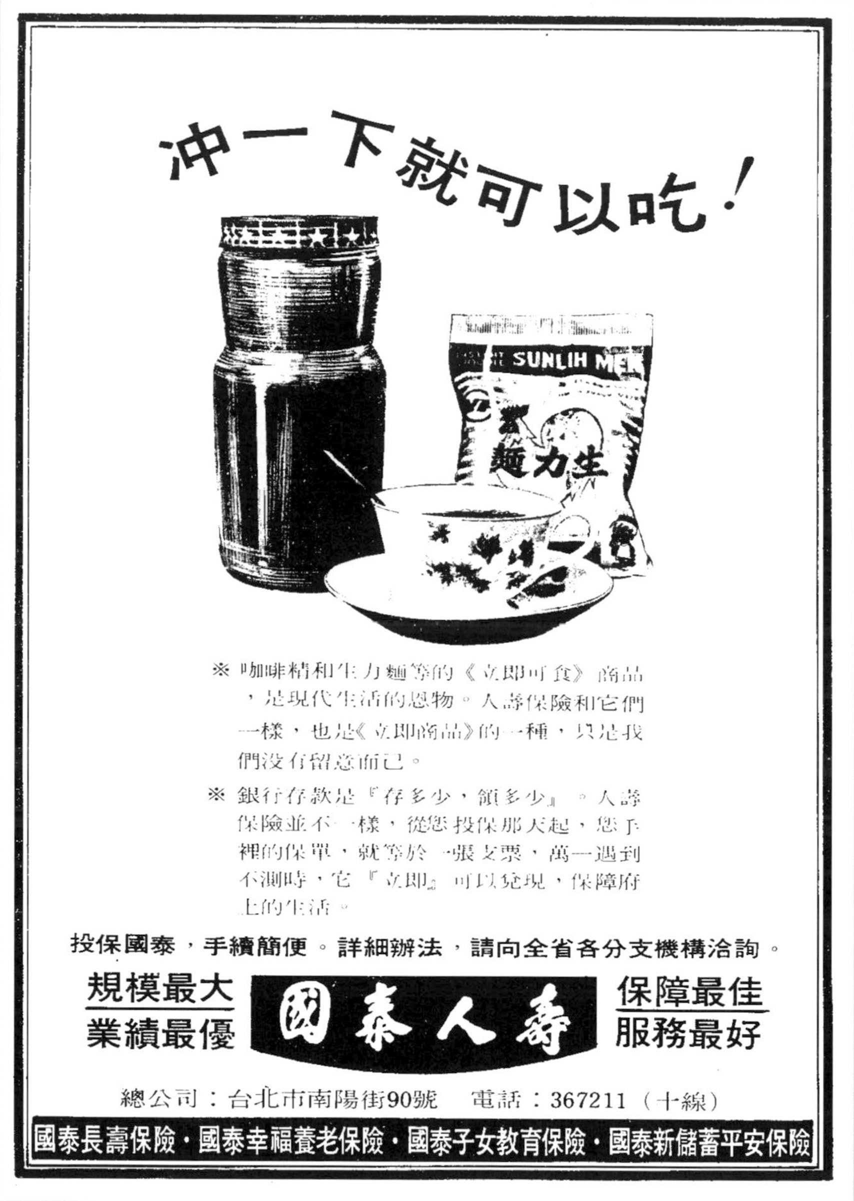
冲一下就可以吃！
SUNLIH MEN
麵力生
※ 咖啡精和生力麵等的《立即可食》商品，是現代生活的恩物。人壽保險和它們一樣，也是《立即商品》的一種，只是我們沒有留意而已。
※ 銀行存款是『存多少，領多少』。人壽保險並不一樣，從您投保那天起，您手裡的保單，就等於一張支票，萬一遇到不測時，它『立即』可以兌現，保障府上的生活。
投保國泰，手續簡便。詳細辦法，請向全省各分支機構洽詢。
規模最大
業績最優
國泰人壽
保障最佳
服務最好
總公司：台北市南陽街90號　電話：367211（十線）
國泰長壽保險・國泰幸福養老保險・國泰子女教育保險・國泰新儲蓄平安保險

泡麵和即溶咖啡都具有沖個熱水就能立即食用的特性。早期國泰人壽廣告還藉此比喻，自家的保險同樣如此。一旦保戶遇有不測，就馬上能拿到一筆錢。

雖說百福爺爺在一九五八年就發明了泡麵，但泡麵被引進台灣也是過了十年之後（一九六八）的事了。台灣人自己發明的泡麵之所以沒有立即傳入台灣，一方面是早期台灣人的飲食習慣幾乎完全以米食為主，很少人有在吃麵的。老人家不就常說：「不吃飯怎麼會飽？」對傳統台灣人而言，只有米飯才是能填飽肚子的食物，麵食頂多是點心或宵夜而已。另一方面，早期台灣的經濟發展與食品加工業的水準不高，當時也沒能力生產泡麵。直到一九六八年九月八日，國際食品公司自日清食品引進整套的生產設備與技術，在關渡設立佔地七百坪的工廠正式開工，台灣人才終於有了第一包自己的泡麵——「生力麵」。

國際食品公司可說是一間全新的公司，才剛成立，就從日本引進整套設備與技術，直接投入全新的速食麵生產，可見來頭不小。國際食品公司的董事長李團居，也是台灣養樂多公司的創辦人，同時是茶葉界的鉅子。李團居曾擔任台灣區茶輸出業同業公會的理事長，與台北茶業股份有限公司董事長。他在早期台灣茶葉出口還非常旺盛的年代，能當上台灣區茶輸出業同業公會的理事長絕非等閒之輩。而擔任國際食品公司常務董事的吳兩全與劉金明兩人亦同為茶商出身。

根據李團居的說法，現今工商業社會最大的特徵就是忙碌。多數人因為生活步調緊湊，所以如何在短暫的時間內好好吃完一頓飯，就成了非常重要的課題。他於一九六二年前往日本參觀時就發現，許多工廠員工於休息時段會吃一種「經過乾爆及調味處理的麵，只要用開水一沖即可食用」。短短幾年後，這種泡麵就變成許多日本上班族與學生的早餐與午餐。而於一九六七年，包括香港、韓國與琉球都已出現泡麵工廠。考量到台灣經濟的發展速度，因此他決定於一九六八年籌資設立泡麵公司。

毋庸置疑，這家由茶葉資本組成的泡麵公司背後來頭還真不小。在一九六八年九月八日的正式開工儀式上，就來了一堆黨、政高層人士，當天參加開幕典禮的來賓就超過一千多人。典禮結束後，生力麵之後正式開賣，售價為每包三元。

一九六八年台灣經濟雖已開始起飛，但當時生力麵的價格似乎不怎麼親民。參考一九六八年的求才啟事，當時新竹市某公司誠徵女店員與助理，就是那種完全不需任何工作經驗與專才的職位，所給的薪水是每個月四百元。我們若以現今最卑微的 22K 來計算，半個世紀前賣三元的泡麵就相當於今天的一百六十五元。一百六十五元的泡麵，感覺還滿貴族的。

台灣泡麵貴，也不是鬼王我自己隨便胡謅的。一九七一年日本的泡麵廠商「明星食品株式會社」社長奧井清來台考察時就發現，當時台灣泡麵的價格介於新台幣二點二至二點五元左右，同時期日本國內的速食麵價格則介於日幣二十至三十元之間。依據當時的匯率計算，折合約台幣二至三元左右。換句話說，其實台灣的泡麵價格和日本差不多。但奧井清卻認為，日本速食麵製造的人工與包裝成本都比台灣高，日本人民的生活水平更是超越台灣許多，台灣泡麵卻賣這種價格，實在很不合理。

泡麵最大的特色就是它的方便性與即食性。雖說時間就是金錢，但當你貧窮時，時間根本就不是問題。因此，生力麵的價格這麼高，剛上市時就不太能用方便性作為主要的訴求。有趣的是，國際食品公司便轉而強調生力麵內含「高單位的蛋白質、脂肪、鈣質、維他命等」，可說自用宴客兩相宜。泡麵只要沒被說有害身體健康，就已經要偷笑了，沒想到早期的泡麵還能硬掰出營養

一猜得萬金!!
買一包維力麵・猜七虎衛冕賽!!
大衆口味・超級麵食
維力麵
INSTANT
NOODLE
WEILIH MEN
振源興食品股份有限公司
第( )題，答：×××
《明信片背面》
參照上格將明信片寫好，並貼維力麵商標一枚（最好用強力膠或透明膠紙黏上）即可。
維力麵爲答謝愛用者，特舉辦有關中華七虎少年棒球隊參加世界少年棒球衛冕賽的有獎徵答活動，詳細辦法如下：
1.辦法：請參照上圖表格，將姓名、住址、答案用正楷寫在明信片上、並貼維力麵商標一枚、郵寄田中郵箱33號、即可參加抽獎、每張明信片以答一題爲限、可任意選擇。
2.期間：即日起至八月廿四日截止，以郵戳爲憑。
3.抽獎：九月一日在本公司會同機關首長及有關人員公開抽獎。
4.發表：九月五日在各大報發表中獎名單。
5.題目：
(1)七虎隊在衛冕賽中、那一位球員會先擊出第一支全壘打？
(2)七虎隊在廿五日對拉丁美洲初賽中會贏幾分？
(3)七虎隊將與那一隊決賽以爭取冠軍？
(4)七虎隊在廿九日的決賽中將贏幾分？
(5)七虎隊在廿五日的初賽中能擊出幾支全壘打？
(6)七虎隊在廿七日的複賽中能擊出幾支全壘打？
(7)七虎隊在廿九日的決賽中能擊出幾支全壘打？
6.獎品：成功牌棒球用具。
每個題目各有不同的獎品、每種獎品各贈卅份、若猜中者超過此數、以抽籤決定得獎人，並在猜中人中抽出一名幸運者，獨得獎金一萬元，詳細獎品如下：
(1)第一題獎品爲成功牌投手套30份。
(2)第二題獎品爲成功牌球棒30份。
(3)第三題獎品爲標準硬式棒球30份。
(4)第四題獎品爲成功牌棒球帽30份。
(5)第五題獎品爲成功牌捕手套30份。
(6)第六題獎品爲成功牌棒球鞋30份。
(7)第七題獎品爲成功牌棒球服裝30份。
維力麵
振源興食品股份有限公司
彰化縣田中鎮新庄里中南路45之20號

「維力麵」是振源興食品在 1969 年成立時推出的產品，而其於 1973 年推出的「維力炸醬麵」則成為歷久不衰、橫掃台灣泡麵界長達半個世紀的經典產品。

訴求。科科，長輩們真可愛。

不過，生力麵剛推出時，銷路可說其慘無比。當時國際食品公司的產線每天可生產七千包泡麵，剛開始在全台各地舉辦試吃會，並免費贈送，雖然吸引了不少人氣，但宣傳期結束、正式開賣時，每天一卡車的生力麵運出去，到了晚上又原封不動地退回來，根本乏人問津。這樣的狀況持續了三個月之久，公司幾乎快倒閉了，因此不得不派員專程前往全省各地進行消費者口味的調查。

經過一番研究後，國際食品公司才發現最大的問題在於口味。當初生力麵不管是製程或配方，完全都是從日本移植，口味也就與日本一模一樣。不過，台灣消費者的口味顯然比較重，不太習慣日本的口味。國際食品公司因此重新研究調味包，除了調整雞汁的比例外，還增加胡椒鹽的分量，並添加過去沒有的乾燥蔥花。重新推出重口味版本後，生力麵才逐漸受到消費者的喜愛，銷路直線上升。就當國際食品公司終於將速食麵市場打開後，其他廠商也發現了商機，紛紛跑去日本找合作對象，邀請專家來台指導，推出各種全新的泡麵。舉例來說，堪稱泡麵界的不敗經典款「維力炸醬麵」，即是由位於彰化的「振源興食品股份有限公司」轉投資的「維力食品公司」所生產的。

振源興食品起初於一九六九年投資設立工廠，生產「維力麵」和「雞絲麵」。這兩項產品顯然賣得有夠好，振源興食品因此於一九七一年決定投資一千兩百萬成立「維力食品工業股份有限公司」，並興建工廠，維力炸醬麵則於一九七三年正式上市。同樣的，今天大家熟知的統一肉燥麵，也是在一九七一年就已經推出。同時期，聯華食品公司也推出「府城擔仔麵」，府城擔仔麵和統一肉燥麵幾乎大同小異，同樣宣稱內附一包以古法秘方調製的肉燥佐料。

有趣的是，在泡麵市場興起後，當時市場上還出現一種「速食粥」，但據說因市場反應不佳，才上市沒多久就下市。不過，相較於各種日後成為經典口味的泡麵，「王子麵」的出現才可以說是劃時代的創舉。

統一肉燥麵的出現，據說是先前統一企業總經理高清愿時常帶員工吃台南度小月擔仔麵當宵夜時得到的靈感，因此決定在泡麵內附上肉燥包。

就在泡麵市場開始火紅起來後，民間即出現泡麵內含防腐劑的傳說。由於速食麵的麵體本身已經過乾燥的程序，含水量低，不易變質。而且為了防止其酸敗，調料包內又添加了維他命E作為抗氧化劑。因此，速食麵的保存期可以長達好幾個月。但過去台灣人常見的麵條都是菜市場小作坊生產的「濕」麵條，這類麵條的保存期限很短。即便是買回家，若未經妥善冷藏或冷凍，就非常容易變質發霉。況且在一九七〇年代初期，並非家家戶戶都有電冰箱，多數家庭都是用菜櫃或菜櫥（有人也稱「碗櫃」）來暫時存放吃剩的食物與飯菜。所以當大家發現速食麵居然能放好幾個月不會壞，內心的小劇場突然間就放大成雪梨歌劇院了。於此狀況下，鑑於戰後初期台灣才曾發生大規模的黑心醬油添加可以用來治療香港腳的水楊酸防腐劑事件，眾人對泡麵的疑惑也就順理成章地聯想到防腐劑。

一九七一年五月包括國際食品、統一企業、味王等國內七家主要的速食麵廠商，因此共同發表聯合聲明，強調速食麵的生產是採用高筋麵粉，混合雞汁加蛋和多種調味料精製而成。期間經過蒸氣炊熟、循環油炸、冷卻處理，加上全自動包裝等一貫作業化的機器操作程序，製造過程絕對合乎衛生，絕無添加防腐劑，民眾大可安心食用。此外，速食麵在日本已存在超過十年了，現在每日銷售量超過一千萬包。如果速食麵真有任何問題，也不可能如此廣受歡迎。

面對大眾的質疑，廠商出來澄清，本來就是天經地義、情有可原。但這群廠商說起來也很奇葩，明明將事情講清楚即可，非要在新聞稿最後加上這麼一句：「商人圖利，應不以戕害人類生命健康為首務，國人應可確信。」商人確實不該戕害人類生命健康，但這本來就是廠商該善盡的責任與義務，並不代表國人因此會確信廠商絕對會乖乖遵守該盡的責任義務啊。如果廠商都是守法重紀的好國民，還會發生這麼多食安事件？

既然民眾的疑惑無法消除，行政院衛生署只好出來幫忙講兩句。就在七大速食麵製造商發表聯合聲明後兩天，行政院衛生署也同時發布新文稿表示，經地方衛生機關抽查後，並未發現速食麵添加防腐劑的狀況。But，行政院衛生署認為，這些泡麵的包裝袋並無法有效地防止光線，速食麵內的精製油存放久了還是會出現氧化的問題，所以還是請消費者們小心注意一下。同樣地，本來行政院衛生署只要將事情講清楚、證明速食麵不需添加防腐劑，讓民眾好好安心吃麵即可。但這些當官的顯然不願意就這樣平白無故幫廠商背書，搞的自己好像沒做事一樣，乾脆就來一記回馬槍。

至於行政院衛生署到底有沒有幹點實事呢？當然沒有啊！相關的速食麵抽驗工作，實際上是到了一九七一年下半年度才展開，而且直至十一月份才公布檢驗結果。根據當時包括台灣省衛生處、台北市衛生局，以及台中和台北縣衛生單位的抽驗結果，市售泡麵並未檢驗出水楊酸或其他防腐劑。也是到了此時，行政院衛生署才終於敢大聲說：「市面上銷售的速食麵類，經抽查後其防腐劑均呈無妨礙的陰性，尚符規定。對該項速食麵，儘可放心食用。」

儘管行政院都出來掛保證了，但直到今日，泡麵含有防腐劑的謠言卻從未消停過。不少人還甚至會半開玩笑地說，泡麵吃多了會變成木乃伊。但某些廠商也看準了這點，乾脆搞個恐懼行銷。一九七二年聯華食品推出了肉燥口味的「府城台南擔仔麵」，廣告宣傳除了強調府城擔仔麵是以高筋麵粉加上維他命製成，外觀似麵條，而且「不摻防腐劑」。挖靠，這種婊人行銷宣傳手法，就如同現今麥當勞強調他們家的雞不打生長激素、白佩玉宣稱她的細胞壁無毒蝦並未施用抗生素一樣，原來半個世紀前的資本家才是文青故事行銷的始祖！

討論完糾纏不清的防腐劑謠言後，我們還是得回到泡麵本身。自一九七一年起，台灣泡麵市場就處於競爭激烈的戰國時期了。但當時的問題在於，其實各家的味道都差不多，基本上都仿自開山始祖生力麵，而生力麵則源自日清食品的雞汁拉麵。因此，當時市面上的產品品項雖多，但口味卻都毫無變化可言，所以產品名稱基本上都和泡麵口味毫無關連。舉例來說，當時市面上較具知名度的速食麵產品包括有：生力麵、養力麵、味王麵、活力麵、冠軍麵、太空麵、狀元麵。看完這堆品名後，消費者還是無法理解各家產品特點的差異，或許只能得出吃完泡麵後就能變得頭好壯壯、考試拿狀元、比賽得第一、長大上太空的結論。

由於廠商們難以在口味上進行宣傳，所以只好整天鬼扯泡麵的營養成分。當然，這也是一堆速食麵命名都喜歡和「力」扯上關係的原因之一。不管是生力、養力還是活力，反正要製造出吃了泡麵會讓人很夠力、特別給力的幻象。每家廠商推出新款泡麵時，必然會宣傳含有豐富的蛋白質、內含維他命B1、B2、B6，甚至連用來當抗氧化劑的維他命E也能拿來說嘴。此外，一九六〇年代晚期開始，美國小麥協會大力推廣麵食，強調麵食的營養成分高於米飯，因此一九七〇年代初期許多泡麵廠商的促銷活動都與美國小麥協會合作。

一九七二年六月，美國小麥協會還曾邀請旅美的著名穀物專家岑卓卿博士回台訪問。岑卓卿博士的研究專長就是小麥，他除了在大學擔任教授外，還是美國農業部與聯合國農糧組織（FAO）

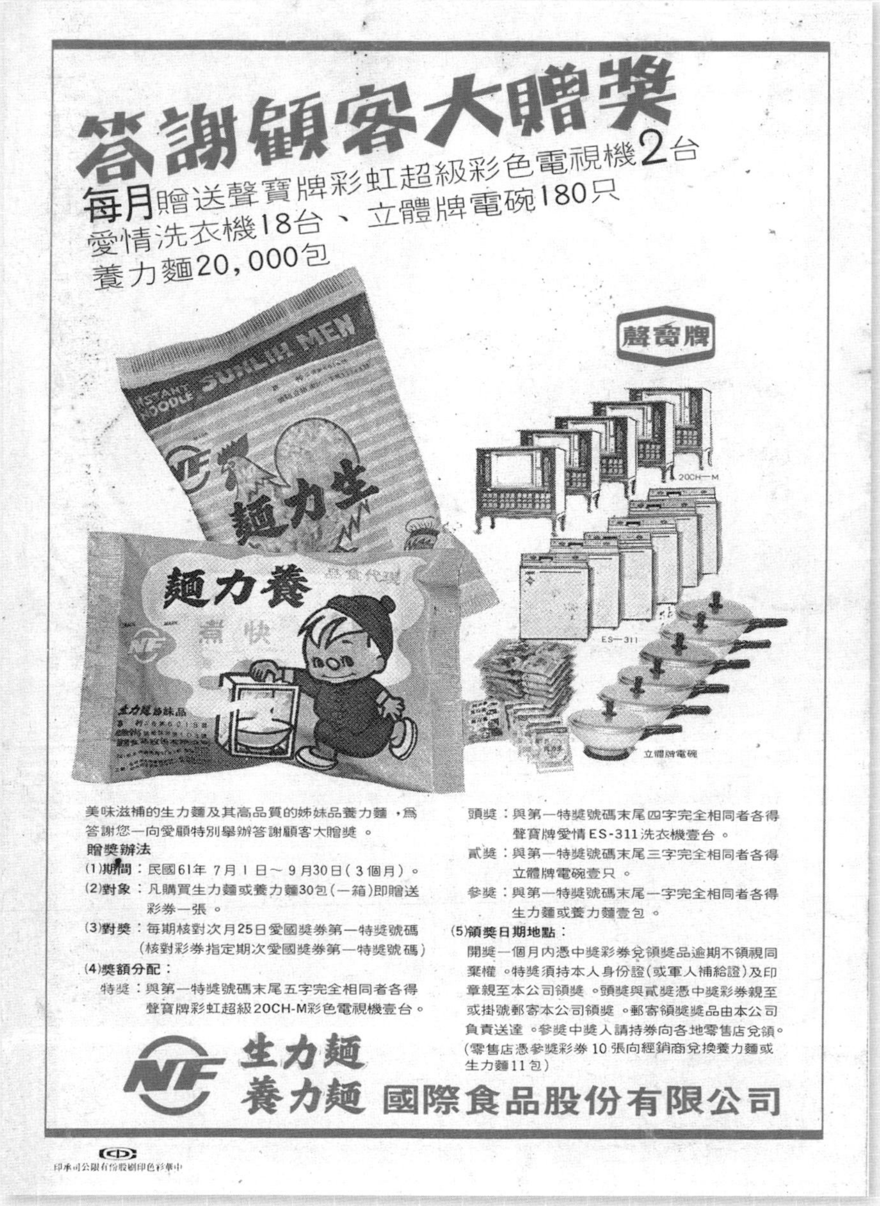

早期泡麵的品名都長得差不多，難以分辨。例如，國際食品就同時有生力麵與養力麵，但消費者完全無法判斷這兩種產品的口味有啥不同。

的顧問，可以說是國際知名的專家。岑卓卿博士回台訪問時還特別提出《改進台灣主食營養建議書》，其中就建議在麵粉中添加維他命B1、B2、鐵及鈣等營養素，再製作成高蛋白麵食。而當時在他的指導下，已有兩家工廠成功生產出所謂的高蛋白速食麵條。

不過，牛皮吹久了也是會破的。一九七八年輔大家政系老師章樂綺就直接跳出來打臉。章老師直接開嗆表示，速食麵「除了油脂與熱量含量較高以外，營養成分大都與麵粉相似。一包速食麵大約相當於一碗八十公克白米煮成的飯」。至於裡面的營養成分，既沒有維他命A、C，鈣質、鐵質也不足，維他命B2的含量又很少，「根本談不上『營養最為豐富』，或說可以『增強體力』、『助長發育』。」從此以後，不再有廠商敢強調速食麵有多營養了。但有趣的是，各類報刊雜誌則開始教導民眾如何在煮泡麵時順便加個蛋或青菜，讓速食麵更加營養。

當各家泡麵口味都大同小異，彼此都只能在營養問題上吹得天花亂墜時，若要擺脫盲目廝殺的狀態，廠商們就必須在口味上出奇招。

一九七一年八月三日統一公司推出了台灣第一包附有肉燥油包的「統一肉燥麵」。由於統一肉燥麵的味道與眾不同，上市後立刻大受歡迎，馬上取代原先生力麵的冠軍地位。其後台灣維力食品公司於一九七三年開發出至今仍歷久不衰的「維力炸醬麵」，味王公司推出「原汁牛肉麵」，加上味丹公司後來的「排骨雞麵」，這四款速食麵並稱台灣泡麵的「四大天王」。但相較於口味的變化，鬼王我認為更值得討論的反而是「王子麵」。原因無他，因為它創造了全新的吃法，讓速食麵變成了零食。

養生保健

吃泡麵的營養訣竅

文／詹惠婷 營養師

泡麵因為沖泡數分鐘後即可食用，許多工作緊張忙碌的上班族為求簡便，而以泡麵來代替正餐，熬夜的學生更喜歡吃泡麵當宵夜，有些人還想以泡麵來當作減肥的食物。泡麵之所以吸引人，除了簡單方便外，還有在泡好打開碗蓋的那一刻，香味四溢，令人垂涎。不過泡麵偶爾吃吃倒是無妨，若是三餐長期食用，就有礙健康了。

在繁忙的現代社會，人人都有以泡麵果腹的經驗，明知不健康，但泡麵即沖即食、不必等的特性，十分符合忙碌的現代人之需求。近來市面上的泡麵低價促銷戰，打得如火如荼，消費者無不精打細算，仔細比較到底是那一種泡麵最划算。但是在吃泡麵時，除了價格之外，您曾考慮過營養是否均衡嗎？

泡麵對健康有什麼影響？

傳統的泡麵製作過程會將麵條油炸，以增添風味和延長保存時間。但最近的研究顯示，澱粉類油炸後致癌機率增加，所以吃泡麵時可以考慮選擇日式或韓式泡麵，因爲其麵塊不經過油炸，比較健康。

泡麵的熱量驚人，以最簡單的杯麵爲例，麵條加油包、調味料的熱量有350大卡，若是加上肉類調理包的桶麵或大碗麵，熱量可高達5、600大卡。

油包的油脂含量也相當高，因此泡麵所含的熱量大都來自於油脂，佔總熱量來源的40%以上，熱量組成和營養師眼中的「垃圾食物」如洋芋片等零食十分相近，且所含油脂中的飽和脂肪酸含量也不少，慢性病患食用時要特別注意。

泡麵的鹽分也很高，不但調味包鹽分含量高，麵條本身也添加鹽。愈是重口味的泡麵，其吸引人的香辣口感，愈有賴「超量」調味料助陣，如蔥燒、麻辣、泡菜等，含的鹽都相當多。衛生署建議成人一天攝取的鹽量應於8至10公克之間，但是1包泡麵所含的鹽量甚至可達5至8公克，實在驚人。除非當天其他餐都少吃含鹽食物，否則很容易過量；因此，泡麵對於需嚴格控制脂肪及鈉攝取量的高血壓、糖尿病、腎臟病等慢性病患而言，實屬禁忌食物。除了這些慢性病患外，減肥者最好也離泡麵遠一點，因爲人體攝取過量鹽分時，很容易將水分留在體內，造成身體水腫，不利減肥；習慣把泡麵當宵夜吃的人，不但是破壞身材的殺手，也會讓人在第二天早上醒來時，臉上、眼皮產生浮腫。

調理包中的肉類並非新鮮肉品，必須經過眞空包裝、高壓滅菌以利保存，但是新鮮肉類中所含的維他命B群、鐵質等營養素，已在加工過程中遭到破壞。

泡麵如何吃才能兼顧健康？

若以泡麵當正餐，雖能滿足口腹之慾，營養卻不均衡，因爲許多泡麵僅有一些脫水的肉片和蔬菜，營養素較不足，且高油高鹽，還缺乏纖維質。因此在吃泡麵時若想吃出健康，最好選擇愈陽春的口味愈好，熱量較低的袋裝麵也比熱量高的碗麵或桶麵好。油包最好不要放，調味包放一半，加個蛋、豆腐或少許肉絲，並放上小白菜、青江菜、菠菜或香菇等青菜，即可煮出1碗美味又營養均衡的泡麵，再配上水果，營養更均衡。吃泡麵最好多花幾分鐘，選擇煮食，先將泡麵用滾水燙過，將水倒掉，再重新注入熱水煮湯，可去除部分油脂及鹽分，減少熱量的攝取。

上班族則可選擇簡單的杯麵，加上茶葉蛋或配2塊豆干，提高蛋白質含量，餐後再加上水果，或來1份沙拉，讓「泡麵餐」美味又健康，也是不錯的午餐選擇。另外，怕胖的人以速食米粉、龍捲條、粿仔條、雞蛋麵或速食粥等米製品代替油炸麵條，由於這些產品未經過油脂處理，熱量可減少100多卡以上，更能吃得健康又美味。

有些食量大的學生可能喜歡有雙份麵條的大碗泡麵，但建議您還是吃小包泡麵，留些肚子吃水果、茶葉蛋等，較有助發育和健康。

現在市面上除了傳統泡麵，還有以特殊方法製作的低脂、低鈉泡麵，價格雖是傳統泡麵的2到3倍，但可提供重視健康的人兼顧美味和健康的選擇。這種低卡泡麵以特殊的乳酸技術製作麵塊，不用油炸，還添加維他命，不過若要作爲正餐，最好加上1個蛋、一些蔬菜或再加1個麵包或包子，整體熱量和營養才足夠。

為了彌補泡麵營養不足的問題，營養師教導民眾煮泡麵時加蛋、青菜、豆腐與肉絲，把原先訴求方便與即時的泡麵搞得一點也不方便。

1970、80年代，各家廠商為了搶奪與日俱增的泡麵市場，紛紛砸下血本舉辦各種抽獎活動。獎品豐富，毫不手軟，生力麵抽獎活動的特獎居然是重達三兩的純金金雞。

眾所皆知，王子麵幾乎已成為多數台灣人共通的童年記憶。王子麵神奇的地方在於，它採取了乾式吃法。此外，純樸的台灣死老百姓甚至發展出一套吃王子麵的 SOP：一、打開泡麵袋；二、將由鹽巴、味精、胡椒、脫水蔥花共同調製的調味佐料倒入袋內；三、雙手緊握泡麵袋，用力擠壓，將王子麵擠成零碎的狀態；四、握緊泡麵袋口，上下左右搖晃，讓調味粉均勻散布於麵內；五、打開袋口，直接食用。

大家之所以會乾吃王子麵主因在於，王子麵吃起來香脆可口。故王子麵基本上早已脫離泡麵的範疇，轉為休閒零食。但明明就是泡麵的王子麵，為何會轉變為乾吃的零食？根據網路上鄉民的說法，故事的原由是這樣的：某個小學生在某天要吃王子麵時，可能是因為肚子太餓或嘴饞，等不及用熱水沖泡，因此乾脆直接乾吃王子麵麵條。這位小朋友吃下去後發現，王子麵麵條的口感酥脆爽口，原來味道還真不錯，所以推薦其他同學如法炮製。一傳十、十傳百，王子麵乾吃因此蔚為風潮。

不過，經鬼王我仔細查證後結果顯示，這全都是後人自行腦補出來的小劇場。

話說味王公司推出王子麵前，還特別找日本的明星株式會社技術合作。當時味王公司宣稱，王子麵的原料除了使用高級麵粉外，所有的麵體均先在特殊調味的雞汁內浸泡過，這就是王子麵麵條味道與眾不同的主因。此外，王子麵從推出之時，早已將小學生設定為潛在客戶。因此，當其他泡麵都賣一包三元（如生力麵），王子麵每包才賣二元，顯然是顧慮到小學生的消費能力。此外，從商品名稱也看得出來，這款泡麵主打的就是小朋友的消費市場，所以叫「王子」麵，不是國王麵或諸侯麵之類的。當初味王公司還特別找了一位年僅五歲的小朋友王懷麟，用他戴著棒球帽的照片畫出王子麵包裝袋上的男童圖案。味王董事長陳雲龍也大力透過記者在報紙上搞置入性行銷，表示王子麵能「促進兒童發育」，因為其中添加了「多種維他命、蛋白質、脂肪、鈣質等營養成分」，是「學生最適合的主食」。至於王子麵的吃法，味王公司則建議「乾嚼食用或佐酒尤為香脆可口」。

看到沒有？看到沒有？王子麵從推出時就被設定為「乾嚼食用」為佳，人家甚至建議拿來當配酒的零食。王子麵於一九七〇年八月推出上市後，立即受到小朋友的歡迎。同樣地，只要有個產品賣得不錯，其他商家必定會一窩蜂搶進。出品生力麵的國際食品公司也因此馬上推出「學生麵」。他們為了打響知名度，還特別於一九七一年的兒童節捐贈二十八萬二千五百一十六包學生麵給台北市內各國小、幼稚園、孤兒育幼機構教職員工及兒童每人一包。

除了兒童麵以外，當時統一公司也推出可泡食也可乾吃的統一麵。不過，在強軍王子麵的壓境下，統一麵的銷路顯然一直打不開。統一老總高清愿苦思許久後，決定附上一包肉燥，從此統一肉燥麵才打開市場，成為泡麵界的經典傳奇之一。這也是為何日後除了王子麵以外，有些人也會乾吃統一肉燥麵的原因：因為統一肉燥麵的麵體最早就是被設計為可以乾吃的口味。

雖說王子麵在乾食泡麵市場獨領風騷，但統一公司顯然對當初統一麵的挫敗難以忘懷。所以過了十幾年後，統一公司又推出另一款乾式泡麵「科學麵」。經過多年捉對廝殺後，科學麵終於取得可和王子麵相抗衡的地位，兩邊都各自聚集了死忠的粉絲。

至於科學麵和王子麵到底有啥差異？基本上這個問題聽起來就還滿白癡的，但神奇的是，居然還有鄉民曾經就此熱烈討論過。根據鄉民的說法：就脆度而言，科學麵比王子麵脆；就色澤而言，科學麵比王子麵顏色深；就味道而言，在不加調味包的狀況下，科學麵味道比王子麵重；就耐煮度來說，科學麵比王子麵耐煮。然後呢？每次講到哪種比較好吃，大家還是會吵得不可開交。

雖然許多父母對於王子麵都沒好印象，甚至還會禁止小朋友吃王子麵（或科學麵），但王子麵開創了泡麵的新吃法，將泡麵從可充飢的主食推升為休閒零食，這還真的是泡麵史上的劃時代創舉。

不過，自從統一肉燥麵與王子麵推出後，台灣速食麵業界的創新發明似乎就停頓了下來。與此同時，日本的日清公司則發明推出了全球首款「杯麵」（カップヌードル，Cup Noodle）。日清公司之所以能發明杯麵，說穿了也是被環境逼的。

話說一九六〇年代日本的泡麵市場也同樣處於戰國時代，日清公司的地位早就岌岌可危。到了一九六九年，日本每年的泡麵消費量已達到三十五億包，國內市場可擴張的空間已越來越小，許多廠商早已試圖外銷、開發海外市場，日清公司也不例外，安藤百福因此決定進軍美國市場。

日清公司前進美國之後，先以洛杉磯、舊金山為首要市場，同時刻意雇請白人女性作為促銷小姐。由於安藤非常擔心美國人不習慣日本人飲食的口味，因此還刻意親自飛往美國，親自監督各項促銷活動。只是到了美國後，發現美國人吃泡麵的方法徹底摧毀了安藤的三觀。

我們東方人的用餐習慣非常仰賴「碗」的使用，不管是吃麵條還是白米飯，都會用碗盛裝，只有菜餚才放置於盤子上。但西方人用餐多以盤子為主，雖然西方餐具也包括碗，但那通常是用來裝生菜沙拉。此外，歐美人雖也吃麵條，但不管是通心麵還是義大利麵，在我們看來都算是所謂的乾麵或炒麵。至於我們熟悉的湯麵，歐美料理中根本沒這玩意。因此，速食麵對他們來說不僅是全新的玩意，他們也不知道該怎麼吃，家裡也找不到大小合適的碗來泡麵。於是安藤在美國就見識到詭異的畫面：那些美國佬將泡麵包打開後，先將泡麵擠得碎碎的，再將碎麵條與調味包倒入一個大馬克杯內，最後再沖入熱水。過了三分鐘後，再拿起杯子放入口中，一邊用叉子攪動碎麵條，一邊將帶有碎麵條的湯喝下去。與其說他們是在吃麵，不如說是在喝麵湯。美國佬的泡麵吃法不僅棒喝了安藤的腦袋瓜，同時也觸擊了他研發杯麵的想法。

一九六九年十二月日清食品公司開始研發杯麵，並於一九七一年九月正式推出上市。有別於傳統的袋裝泡麵，日清杯麵是將調味料與麵體同時置入杯中，消費者只需打開杯蓋直接沖泡熱水即可。此外，為了配合歐美人的用餐習慣，日清杯麵還附上了一把叉子。消費者既不用準備餐具，吃完後連洗碗這件麻煩事也省了，可說是充分體現「方便」麵的精義。雖說日清杯麵當初推出時價格並不便宜，是袋裝速食麵的二至三倍，所以連日清食品公司自身也沒抱太大的期待。但沒想到推出後，日清杯麵立馬成為年輕人心中的爆款產品，吃杯麵成為一件很潮很酷的事，銷售量還因此急速成長。到了一九七五年，日清杯麵的年產量已達到九億杯。

雖說日本早在一九七一年即已推出杯麵，但台灣第一款杯麵則是一九八八年由宜蘭食品（也就是旺旺集團的前身）與韓國農心株式會社共同研發的浪味杯麵。不過，這段期間台灣的速食麵也並非毫無長進。相反的，一九八三年統一公司推出的「滿漢大餐」可以說是全球首款附上調理包的速食麵。直至今日，它仍是殺手級的泡麵。

當初統一企業為了研發新一代的泡麵，還因此找上了傅培梅。傅培梅可說是那一代教母級的烹飪名廚，早在一九六二年十二月起，傅培梅就開始在台視電視節目上表演廚藝、教導觀眾做菜，當時作為台灣第一家電視台的台視也才開播兩個月。大家都知道，烹飪界的大廚名師多數都瞧不起工業化生產的食品，認為工廠生產的食品不可能複製出真正的美味。但統一企業找上傅培梅時，她的想法卻與眾不同。傅培梅認為，若能讓一般社會大眾也能以親民的價格吃到美食，何嘗不是件美事？因此，在傅培梅答應統一的邀約後，她曾連續好幾個月每星期都搭車從台北出發前往統一位於台南的工廠，與技師們共同研發食譜、制訂規格與SOP，最終於一九八三年完成橫空出世的統一滿漢大餐。儘管與一般速食麵價格相比，帶有料理包的滿漢大餐貴了許多。但不得不承認的是，同樣一碗牛肉麵，滿漢大餐的價格比店面現煮牛肉麵還便宜了一半。更重要的是，多數店面賣的牛肉麵還沒統一滿漢大餐好吃。

滿漢大餐所創造的成就可說是史無前例，但令人遺憾的是，自此之後台灣的速食麵界就再也沒有其他可被歌頌的創新發明了。只是值得慶幸的是，接受泡麵的人越來越多，同時因為自由貿易市場的開放，我們能吃到的泡麵種類也越來越多元。不管是日本、韓國、印尼、越南甚至是泰國泡麵，都能輕易在超商、賣場與網路上買到。只不過奇怪的是，每當我們開心吃泡麵時，還是

珍饈頌
統一滿漢大餐
一束細麵
一席滿漢
是珍饈
是絕品
更是統一企業的食藝匠心。
那實在的材料，
那鮮美的風味，
奉獻給您……
與衆不同的饗受！
名家料理，馬上享受——統一滿漢大餐
敬請蒞臨全省各地統一超級商店、統一麵包專賣店，
選購優良的統一商品。
開創健康快樂的明天
統一企業公司
統一小格言：眼光看將來，力量用於現在

1983 年統一企業推出附帶料理包的滿漢大餐系列，可說是媲美於日清杯麵的劃時代發明。當時有珍味牛肉麵、東坡珍肉麵、竹筍肉絲麵等六種口味。料理包的使用等於擴展了其他廠商研發新口味泡麵時的創新空間，為泡麵研發提供各種可能性。

會碰到親友或同事嘮叨：怎麼會吃泡麵呢？泡麵很沒營養！泡麵有防腐劑！吃泡麵不好！鬼王我想說的是，台灣人的問題不是吃不好、沒營養，而是吃太好、吃太營養了！

最後再來個毫無意義的八卦知識：多數速食麵的食用方法都將沖泡時間設定為三分鐘，但當初日清食品發現，其實只要沖泡一分鐘，泡麵的軟度就能被多數人接受。然而，後來日清食品卻將食用方法設定為三分鐘。這是因為他們研究後發現，當熱水沖下去後，我們的飢餓感與想吃的慾望就會急速攀升，到了三分鐘時飢餓感就會達到頂峰。

8

真正的台灣驕傲：手搖杯

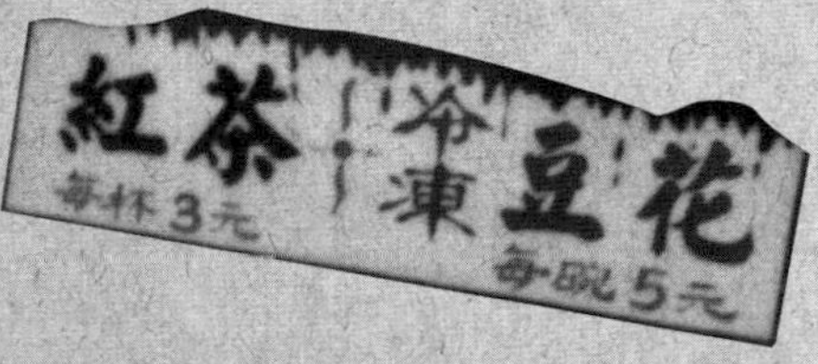

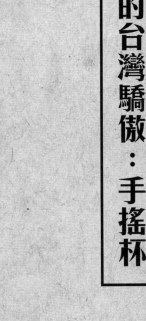

8

台灣人總愛自爽強調寶島是美食王國。但講了一堆台灣美食，大部分都是台灣人關在島內自嗨而已。台灣人眼中的美食，大多數都只能在台灣吃得到。說穿了，真正傳播出去且能在海外揚眉吐氣的美食可說是少之又少。不過，我們的手搖杯茶飲——珍珠奶茶，卻是少數真正在國外熱銷的產品。

二〇一九年珍珠奶茶熱潮在日本引爆，排隊喝珍奶成為最夯的風潮。其後許多 IG 正妹網紅還發展出「放手喝珍奶」的潮流，正妹網紅紛紛將珍珠奶茶放在豐滿的雙峰乳溝上，放開雙手飲用珍奶。與此同時，其他日本民眾則積極研發各類珍珠暗黑料理，不管是加入珍珠粉圓的日式拉麵，或是珍珠蛋包飯、珍珠咖哩等各種獵奇食物，每一道珍珠暗黑料理都能徹底讓台灣人的理智線下沉位移。

相較於日本遲至二〇一九年才出現珍奶風潮，早在二十一世紀初，珍珠奶茶店就隨著台灣移民的腳步，陸續在美國西岸與東岸出現。許多台灣留學生在美國獲取碩士畢業後，乾脆就留下在學校附近開設泡沫紅茶店。二〇一二年時馮締文（David Fung）和馮締雄（Andrew Fung）這對在美國長大、居住在洛杉磯華人區的華裔兄弟，組成了個嘻哈樂團「馮氏兄弟」（The Fung Brothers），開始積極推廣亞洲飲食與文化。二〇一三年他們推出的單曲〈波霸生活〉（Bobalife），MV 就呈現珍珠奶茶在美國西岸廣受年輕人喜愛的火爆景致。

講到這，鬼王我不得不順道一提自己的親身經歷。鬼王我有位阿兜仔朋友，在台灣擔任牧師、傳教多年，早已習慣台灣飲食，在路邊攤吃切仔麵還知道要點盤滷大腸。而他兩位從小就在台灣長大的阿兜仔小孩，最愛的零食則是王子麵和可樂果蠶豆酥。二〇一三年阿兜仔牧師攜家帶眷回美國度假，開車經過德州大學奧斯丁分校附近時，突然發現路邊對面有家台灣人開的手搖杯店。牧師立馬迴轉停車，下車走進店內。熱情的台灣人老闆一看見牧師顧客光臨，很自然地用英文問他要點啥。結果哩？結果牧師居然用國語回答：「老闆，我要綠茶多多，去冰半糖。」嗚嗚嗚，老闆聽了內心就一陣哭哭。但導致他感傷的不是因為他鄉遇故知，而是在美國幾乎買不到多多，當地的手搖杯店內根本沒有「綠茶多多」這種飲料。

我們現在熟悉的手搖杯飲品，主要是以紅茶或綠茶為基底調製的清涼飲料。這類飲料最大的特色在於，調製完成後必須用手或機器雪克雪克個十秒鐘，除了讓味道均勻外，同時要藉由搖動的過程產生細緻的泡沫。飲料頂部的泡沫不但能產生視覺效果，還能創造出特殊的口感。不過，手搖杯可說是近二十年才出現的產物，它的前身則是誕生於一九八〇年代初期的泡沫紅茶。

雖然小學課本常說寶島四季如春，但大家都知道這根本就是不折不扣的豪洨。台灣的天氣只有三個字能形容，那就是爛－透－了！！！一年十二個月中，從四月到十月都能穿短袖，而且夏天經常處於熱到讓人想直接去睡殯儀館冰櫃的程度。因此，多數台灣人都有吃冰或喝冷飲的習慣。

早期台灣人對「飲料」的概念很簡單，喝來喝去不是果汁就是汽水。對大家而言，「茶」是必須用滾水沖泡的熱飲，這是老人家才會喝的玩意，也是招待客人才會用到的東西。不過，相較於鐵觀音、烏龍茶或包種茶，唯一能當成冰品飲用的就只有紅茶。因此，民間專門賣冰品與飲料

冰紅茶可說是台灣非常傳統的冰飲品。在 1970 年代，一杯冰紅茶 3 元，一碗冰豆花 5 元。但若以當時的物價水準來看，並不算太便宜。

的店鋪就常會看見冰紅茶的蹤跡。

一九六二年，台北市曾發生民眾飲用帶有霍亂弧菌的冬瓜茶而染病的事件，當時市政府衛生局曾因此下令禁止轄區內各冷飲店鋪和攤販販售冬瓜茶、冰紅茶和愛玉冰。雖說台北市政府衛生局的處置方法讓人感覺實在是怪怪的，但此事件也間接說明了冰紅茶確實是台灣民間行之有年的飲品。不過，早期台灣人製作冰紅茶的方式還算簡單：一、將一大鍋水煮沸；二、放入紅茶茶葉；三、加入砂糖攪拌；四、放涼冷藏。但這種「煮」紅茶的模式，似乎只存在於民間的路邊攤與冰果室。與此同時，西餐廳的冰紅茶則是用茶包「泡」出來的。當客人點的附餐飲料是冰紅茶時，服務生只需在玻璃杯內注入約一半的熱開水，將紅茶包丟入杯內，再放進一堆冰塊即可。至於客人是否要加糖？甜度要多少？就不關服務生屁事。反正桌上都有個糖罐，要加多少糖由客人自己決定。

不過，此種日復一日、年復一年的冰紅茶製作方式，到了一九八〇年代突然出現巨大的轉變，而這樣的轉變更徹底改變了日後四十年台灣的飲料發展史。

據說一九八三年台中有間茶葉行老闆突發奇想，將紅茶、砂糖與冰塊放入調酒專用的雪克杯內，搖啊搖啊搖啊搖啊搖啊搖，之後就誕生出神奇的泡沫紅茶。這間茶行在門口擺個簡單的飲料台賣起泡沫紅茶後，每杯十五元的泡沫紅茶居然大受年輕人歡迎，店門口的泡沫紅茶生意還勝過店內的茶葉生意，老闆乾脆把茶葉生意收起來，開始專心賣泡沫紅茶。此外，還有另外一種泡沫紅茶之所以興起的說法。據說當時某家位於中國醫藥學院附近的茶葉行，特地舉辦大胃王喝泡沫紅茶大賽，邀請中國醫藥學院的學生參與。只要能突破先前飲用紀錄的大胃王就能免費享用紅茶。由於喝紅茶的過程充滿歡笑，泡沫紅茶隨即在年輕人的生活圈中爆紅起來。聽完這麼多「據說」後，鬼王我發現其他相關的「據說」至少還有好幾個版本。但這一切都已不可考，所以我們也無須再浪費時間去考證泡沫紅茶的誕生史，反正宣稱自己就是泡沫紅茶發明者的人不會只有一個。我們只需確定三項重點就夠了：一、泡沫紅茶誕生於一九八三年；二、泡沫紅茶首見於台中；三、泡沫紅茶創新使用了專門用來調酒的雪克杯。

百年後的歷史學家若要評論台灣史，必定會認為一九八〇年代是台灣歷史上最燦爛輝煌的年代。當時台灣經濟蓬勃，台灣錢淹腳目，房地產、股市飆漲，可說是各行各業都處於野蠻生長的時期。一九八四年麥當勞於台北開設分店，推動「美X美」系列台式早餐店的出現，改變了台灣人的早餐飲食習慣。而泡沫紅茶的發明，更是徹底改變了台灣的飲料市場與大家喝冷飲的習慣。

當泡沫紅茶廣受年輕人歡迎後，少數聰明的茶行乾脆仿效速食店，開起泡沫紅茶專賣店。泡沫紅茶雖於一九八三年發明，一九八四年開始逐漸興盛，至一九八五年才整個大爆發。事隔兩年後才整個大爆發的主要原因在於，泡沫紅茶店必須先經過冬季的考驗。冬季時冰品冷飲的銷售量必定下降，這是基本常識。先前泡沫紅茶只是茶葉行的周邊副業，若遇上冬季營業額下降，好歹還有個本業可以支撐。而且冬季本來就適合喝熱茶，茶葉銷售還能提高，剛好填補泡沫紅茶銷售下降的缺口。但若要開設獨立的泡沫紅茶店，首先就得增加品項，其次則要解決冬季營業衰退的問題。當時一些茶葉行就逐步開發出綠豆沙紅茶、百香紅茶和冰奶茶等新的品項，還有人瘋到研究出每杯要賣到一百二十元的「XO紅茶」。至於冬季冷飲不受歡迎的問題，則以熱奶茶頂替，還有店家推出熱奶茶＋茶葉蛋的組合。

品項與季節問題解決後，看準商機的商人就開始大舉投資設立泡沫紅茶店。於是台中冒出許多超大型的泡沫紅茶店，每間店面佔地至少五十坪以上，有些店甚至還有二、三樓。早期泡沫紅茶店的菜單就只有各式紅茶、綠茶與奶茶，但為滿足客戶的需求、增加營業額，泡沫紅茶店的菜單也如同「美X美」系列早餐店一樣，只要能簡單加熱、又不會產生太多油煙的熟食都拿出來賣。從毛豆、滷豆干，一直到吐司厚片，泡沫紅茶店都能賣。其後即時調理包越來越方便時，他們甚至連簡餐都能供應。

此外，泡沫紅茶不僅翻轉了茶的喝法，連泡沫紅茶店使用的杯子也不同以往。過去喝茶不是用白瓷杯，就是用搭配老人茶壺的小茶杯。但泡沫紅茶是種非常有視覺效果的飲料，若用白瓷杯或老人茶壺杯，就看不到紅茶與泡沫相互交疊的景致。因此，當時泡沫紅茶店都用透明的「紅酒杯」裝盛紅茶。胖胖的紅酒杯感覺起來就很 fashion，氣質無敵。透明的材質則讓顧客馬上看到紅茶基底與泡沫浮面。手握紅酒杯，再用吸管啜飲泡沫紅茶，就成為當時最時尚的喝法。不過，紅酒杯的材質極為單薄，顧客時常一個不小心就會打破，所以有些泡沫紅茶店後來則改用啤酒杯裝盛飲料。

其實自從速食店在台灣出現後，許多人就發現先前台灣年輕人缺乏和朋友一起坐下來聊天打屁的地方。老一輩常以為，把妹交女朋友就是要帶她們去看電影、喝咖啡。但早在一九八〇年代以前，台灣人還鮮少有喝咖啡的習慣，路邊的咖啡店不多，價錢也不便宜。此外，台灣的咖啡館是從日據時代引進的，早期咖啡店內還有女侍陪喝咖啡的情形。直到一九五〇年代，台北市許多咖啡店內仍可見陪喝咖啡，某些女侍甚至會私下與客人進行性交易，因此在當時咖啡廳還被列為特種行業之一。換句話說，過去大家對咖啡廳的印象不是很好。此外，直到一九八〇年代初期，台灣多數咖啡廳的裝潢與燈光仍以幽暗風格為主。相較之下，速食店的空間寬敞又明亮，消費又不高，一杯可樂加薯條就能消磨一整個下午，因此成為年輕人的最愛。

但泡沫紅茶店出現後，立即成為讓年輕人能徹底放鬆交誼的好去處。許多年輕人在泡沫紅茶店時常一耗就是好幾個小時。就如同電影《我的少女時代》中，徐太宇跟林真心兩人在紅茶店內一起K書、打屁聊天的情景。當時確實有許多學生下課或假日就約在紅茶店耗上一整天，這些人除了打屁聊天講五四三外，同時還能抽菸打牌。喔，對了，早期台灣還沒有反菸風潮，幾乎所有的公共場所，甚至連火車、公車上都能抽菸，所以大家聽到年輕人在泡沫紅茶內抽菸打牌，千萬不要太訝異。但也因為泡沫紅茶店聚集了許多不三不四的年輕人，它的格調也漸漸 LOW 了下去。

話說泡沫紅茶店在一九八〇年代晚期流行起來時，生意還真的好到不像話的地步。當時台北市某些百貨公司的地下街內，就曾出現同時存在五、六間泡沫紅茶店的盛況。根據媒體描述，這些店每天的營業額可達一萬元左右。沒錯，一天一萬，一個月就是三十萬，一九八〇年代的三十萬，比現在大部分的早餐店都還賺。

然而，當一堆人搶做泡沫紅茶店生意時，相關的法律問題也就浮現。由於泡沫紅茶店是全新的行業，過去從未出現。它既不算餐廳，也不是過去大家熟知的冰果室或咖啡店，因此辦理營業登記時，主管單位實在難以認定要將它歸類於何處。面對此一新興行業，當時經濟部原先打算准其登記設立；不過，保守的內政部卻認為，泡沫紅茶店實在難以界定為茶室或咖啡廳，因為它非常四不像，所以就將其認定為「奢侈行業」，乾脆禁止設立。

科科，這就是典型的官僚作風，大家還真的不要太意外。官僚面對全新的事物，通常都不願調整舊有的法令規章，而是透過自己解釋法令的方式，乾脆禁止設立，假裝一切都沒發生。同時期出現類似怪狀的還包括 MTV。雖說消費者可以在 MTV 包廂選擇自己想看的電影錄影帶，同時也能點選飲料，但 MTV 既不是電影院，更不是飲料店，此種難以用舊有法令界定的經營型態，讓當時的官僚不知該如何是好，所以直接認定經營 MTV 是違法行為。此時鬼友必定會追問，既然政府不准「泡沫紅茶店」設立，為何後來還冒出這麼多泡沫紅茶店？古有明訓：上有政策、下有對策。早期咖啡廳還被政府列為特種營業場所時，許多正派經營的咖啡店為了逃避高達百分之二十五的特種營業稅，所以申請營業登記時都是以「冰果室」的名義申請。同樣地，泡沫紅茶店只要改用餐廳、小吃店等名稱申請，營業執照不就下來了啦！

當泡沫紅茶店整個爆火、進入戰國時期後，台中的「小歇茶坊」就率先走入加盟店模式，各縣市想要創業的小老闆紛紛加盟。因此在一九八〇年代晚期、一九九〇年代初期，「小歇」幾乎成為泡沫紅茶店的代名詞。而小歇於全盛時期，全台各地的加盟店甚至超過二百家。

不過，隨著茶飲業競爭越來越激烈，每一家的飲料類型都差不多，彼此模仿來模仿去，而且

1980 年代興起的 MTV 既不是電影院，也不是飲料店，但同樣讓政府單位不知所措，甚至認定經營 MTV 是違法行為。

各家口味、品質差異實在不大，以致社會大眾對泡沫紅茶的新鮮感開始逐漸衰退。但自由市場的好處就在於，面對激烈的競爭環境，廠商就被迫求新求變，撐不下去的爛咖就會乖乖退出，而能維持品質、開創新產品的好咖則能脫穎而出，有些泡沫紅茶業者就開始積極研發新產品，讓茶飲選項更為豐富。此時此刻，另一項創世紀的產品因此出現，那就是「珍珠奶茶」。

飲食這玩意兒，本來就是不斷實驗、亂配亂弄的過程。泡沫紅茶出現後不久，馬上就有人想到把粉圓加入泡沫紅茶內。這種口感喝起來其實還不賴，QQ的粉圓配上冰甜的紅茶，確實不同於過往以黑糖為基底的粉圓冰。但如同先前泡沫紅茶的爭議，珍珠奶茶究竟是誰率先發明的，也處於各說各話的狀態。這種永遠也無法釐清的爭議，我們就暫且擱置，只要知道珍珠奶茶問世的時間是一九八七年即可。之後不知道是哪位神人，居然想到發明顆粒較大的粉圓（就是俗稱的大粉圓啦），再根據「泡沫紅茶＋奶精粉＋大粉圓」的公式，研發出所謂的「波霸奶茶」。波霸奶茶一方面指的是五百CC的超大容量，另一方面則是強調大粉圓的特徵。

不過，「波霸奶茶」如此詭異的名稱又是如何冒出來的呢？其實波霸指的是胸部雄偉、豐滿誘人的女人。一九八〇年代晚期開始，香港拍了許多三級片，捧紅了包括葉子楣、葉玉卿、翁虹、李麗珍等身材豐滿誘人的女星。由於她們的胸部就如同兩顆會咚咚咚的圓球，香港人就以「ball」的諧音「波」形容大胸部，而大奶妹因此就被稱為波霸。這些三級片在台灣也頗受歡迎，所以「波霸」也開始成為台灣民間的流行用語之一。所以當茶飲業者刻意用「波霸奶茶」當作商品名稱時，帶有性暗示的幽默馬上產生一傳十、十傳百的宣傳效果，媒體也廣泛報導，波霸奶茶因此爆紅，從此登上台灣國飲的殿堂。

既然泡沫紅茶已經紅遍大街小巷、珍珠奶茶已成為新的台灣之光，但先前的問題仍舊沒有獲得解決：當大家競爭是越來越激烈，泡沫紅茶到底要何去何從？歷來任何競爭激烈的商品碰到這樣的問題時，業者的應對策略不外乎兩種：一、讓產品加值，走高價化路線；二、扣死當，降低成本與產品價格，進而擴展客源。

面對這樣的問題，泡沫紅茶店其實還滿尷尬的。雖說只要花個五十、一百元左右，就能在小歇紅茶店內耗一整個下午。但對許多學生而言，這可能也是他們的極限了。若把泡沫紅茶店改裝得美輪美奐、金碧輝煌，弄得好像是高級西餐廳一樣，或許能藉此提高消費價格，但卻會嚇跑許多學生族群。（別懷疑，當時還真有人走泡沫紅茶高級化的路線，說要讓喝泡沫紅茶變得很有氣質。）況且有些人單純就只是想喝個泡沫紅茶或珍珠奶茶，並不想耗費時間待在店內。更何況當時市售的罐裝茶飲一瓶只有十五元，對只想喝飲料的人來說，泡沫紅茶店內的飲料確實也並不平價。在此情況下，外帶型的泡沫紅茶店就於焉誕生。

一九九二年台中東海大學旁開了間「五百CC外帶式」泡沫紅茶店「休閒小站」。有別於傳統泡沫紅茶店的型態，此種外帶式飲料店並不提供任何座位。相較於傳統泡沫紅茶店通常至少要二十坪以上的店面才能經營，外帶式泡沫紅茶店只要十坪即可開店。此外，傳統泡沫紅茶店雇用的人力較多，吧台至少需要二至三人負責泡茶、準備餐點和清洗杯盤等工作，而外場又需有二至三人充當服務生、負責點餐、送餐和清理桌面等。然而，外帶式泡沫紅茶店一般只需雇用二、三名員工就可搞定。最後是，根據當時業者的估算，開設一家傳統泡沫紅茶店所需的投資金額大約是一百六十萬至一百八十萬，其中包括店面押租金、裝潢與相關設備費用。但外帶式泡沫紅茶店的成本金額大約為一百萬，其中店內器材設備約需五十萬元，包括製冰機、淨水設備、大冰櫥、冰櫃、自動封口機、自動開水機等。因此，在店租與人力成本都大幅下降的情況下，飲料價格自然極具競爭力。通常傳統泡沫紅茶店的飲料價格介於五十至一百元之間，但外帶式紅茶店的飲料價格則為十五至四十元左右。

「休閒小站」從設立開始就廣受歡迎，直至一九九七年六月其開放加盟前，就已在台中開了二十餘家直營店。與此同時，看準外帶型飲料商機而投入的加盟品牌還包括「萬里香」、「快可立」、「葵可立」、「樂立杯」、「樂透杯」、「董月花」與「健康小站」等。外帶型飲料之所以能迅速吸引消費者，除了價格低廉外，「帶了就走」的特質更是重要賣點。許多忙於工作的計程車司機、公車司機與上班族，不可能有時間耗在泡沫紅茶店內，此時方便迅速的外帶型飲料就成為最佳選擇。

另一方面，台灣人自行發明的封口杯間接推動飲料外帶市場的出現。雖說台灣人很愛吹噓這個台灣之光、那個台灣之光的，但說出來大家可能不相信，現今手搖杯的封口技術還真是不折不扣的台灣之光。據說在一九八〇年代時，有位先生看到紙杯裝上塑膠蓋後，仍然常發生外溢的現象，因此下定決心研發封口技術。後來呢？後來專為塑膠杯、保麗龍杯或是紙杯打造的封口機就出現了。自從封口機出現後，大家拎著飲料走來走去也不用擔心飲料會東灑西灑，飲料的外帶市場才逐漸打開。

早期封口機廠商為了推銷產品，還會刻意在封膜上下功夫。有些封膜會印很白癡的小笑話，有些則是星座物語，但這些花樣才出現沒幾年就漸漸消失了。說真的，大家買飲料在乎的都是口味與價格，有誰會因為小笑話而特別到某些店家買飲料呢！有趣的是，這幾年開始有廠商將封膜視為廣告載體，將印有廣告宣傳文字的封膜主動送給早餐店使用。

自從外帶型手搖杯店出現後，立即取代傳統的泡沫紅茶店，並成為主流。靠著加盟體系的設立，再加上台灣總有一群為數不少的人總愛自己開店創業，手搖杯店的成長速度已遠勝於當時泡沫紅茶店的盛況。一九九九年台灣就已有五千家手搖杯店，當時業績估計手搖杯市場每年可達到二百三十億，一年能賣掉十億杯。神奇的是，手搖杯飲料還被《商業周刊》評選為當年度的十大風雲商品，與行動電話、Starbucks 咖啡和皮卡丘齊名。手搖杯在台灣飲料界的霸主地位，從此也獲得確立。

從二十一世紀起，台灣廠商就開始向外出征。漸漸地，台式手搖飲先後在北美、泰國、中國大陸與日韓發光發熱。近年來食安風暴頻傳，許多養生魔人、健康基本教義派特愛拿手搖杯大做文章，抨擊手搖杯的含糖量太高、用的都是帶有農藥的越南茶，手搖杯似乎被說得一文不值。平心而論，台灣人總愛尋找自己的驕傲，建構所謂的台灣之光。但很奇怪的是，真正具有台灣特色、紅遍國外的手搖杯茶飲，在台灣卻從未獲得該有的尊榮與肯定。

9

蘆筍汁與金絲貓

9

說起蘆筍汁，大家印象最深刻的就是鐵鋁罐上的金絲貓了。幾十年來，這位穿著比基尼泳裝的金絲貓妹妹總是以最有誠意的露胸姿勢，彎腰矗立在沙灘上，讓消費者的嘴巴與眼睛都能同時享受到清涼暢快的美好感受。而蘆筍汁的好滋味，更是大多數台灣人都曾經擁有的美好記憶。

雖說現今網路色情已經氾濫到不用花錢買帳號，就能在網路上找到無料謎片的程度。但幾十年前台灣民風十分保守，保守到可能連護家盟都不得不稱起大拇指說讚的狀態。此外，出版品受到嚴格管制，不僅連A書都很難買到（當時俗稱「小本」和「黃色書刊」），甚至連要在一般報刊雜誌上看到稍微露骨的養眼照片的機率，就如同一千張連號統一發票能中個四張二百元陸獎一樣高。因此，在千輝的十元美女打火機都還尚未出現之前（約一九八〇年代），津津蘆筍汁上的比基尼金絲貓可說是台灣唯一能隨手可得的辣妹養眼照了。

不過，在討論蘆筍汁之前，我們還得先研究個嚴肅的議題。這個爭論已久的嚴肅課題就是：蘆筍汁上的金髮女郎是否真有其人？

首先大家得弄清楚的是，津津蘆筍汁鐵罐上的比基尼金絲貓並不是照片，而是畫的。至於為何能畫得如此惟妙惟肖？這並不難理解。早期台灣戲院外的電影看板都是由專業的美術師傅親手繪製，而這群師傅的畫工還真不是蓋的。隨便一小張好萊塢電影的劇照拿來，他們就能臨摹創造出一整幅長寬都達好幾公尺的大型電影看板。換句話說，津津蘆筍汁推出的當時，要找個人來畫出如同相片般的比基尼金絲貓並非難事。

如同乖乖上頭戴藍帽、露出兩顆門牙的小男孩與王子麵上戴著棒球帽的小男生，津津蘆筍汁上的比基尼女郎也是少數超過半世紀、歷久不衰的食品吉祥物。

津津雖因蘆筍汁而聲名大噪，但最早卻是賣味精起家。

但現在問題來了：美術師傅要繪製比基尼辣妹時，總要有一張這位金絲貓穿比基尼的照片，作為參考之用吧。這隻金絲貓到底是津津食品公司親自找來的小模，拍張照片後再丟給畫工師傅，還是說根本是隨便從某些國外雜誌剪下一張清涼養眼照就直接模仿繪製？

關於這點，鬼王我印象中古早以前報紙曾經報導過，這是畫工師傅隨便找張外國雜誌的清涼照片所繪製的。此外，當時台灣又不像今天，到處都可以看到來自東歐的金絲貓小模。早期台灣連專業的本土模特兒也幾乎沒有，怎麼會冒出金絲貓模特兒呢？所以這也不太可能是津津公司特地找來的金絲貓小模，蘆筍汁罐上的比基尼辣妹，應該就是隨便找張外國雜誌的清涼照片所繪製的。但奇怪的是，先前有另一篇新聞提及，根據老員工的回憶，金髮辣妹真有其人。《自由時報》就曾報導：「原來是津津老闆當時在民國五十年在國外拍到的金髮辣妹，回國後請漫畫家描繪成圖，最後變成包裝，換算一下金髮辣妹的年紀，她今年已經七十多歲！」此外，現今津津蘆筍汁的官方網站同樣採用此說法。

呵呵，老員工的回憶。鬼王我還真想問一下，請問這位受訪的老員工今年貴庚？如您沒有個七、八十歲，怎麼會知道此段歷史的經過呢？或說這只是公司內以訛傳訛的傳說故事？其實，如果搞懂台灣蘆筍汁產業的發展歷史，就知道這樣的說法基本上是豪洨的成分居多。

首先，雖然津津食品是老字號食品，但先前是以生產味精起家，之後才跨足生產蘆筍罐頭。但津津蘆筍汁這項產品卻是在一九七〇年代才上市發售。如果說這位金絲貓是老闆自己於民國五十年（一九六一）在國外拍照拍到的，但遲至一九七〇年代以後才拿來繪成標章圖案，這聽起來會不會覺得很奇怪？

其次，一九七三年津津蘆筍汁在報紙上所刊載的廣告清楚顯示，當時津津蘆筍汁的罐頭商品設計就只是幾根白蘆筍纏著緞帶的圖案，連個人影都沒有。倘若金絲貓比基尼女郎對於津津老董如此重要，為何初期的商品設計是如此樸實無華呢？

第三，近十年來手機數位拍照功能技術突飛猛進，不管你在路邊、捷運上還是課堂中都能隨時拿起手機，在最短的時間內捕捉到最讓人印象深刻的照片。但一九六〇年代，連一九八〇年代才開始風行的傻瓜相機都還沒問世，當時的底片機不僅沒有自動對焦功能，拍照時光是調整光圈

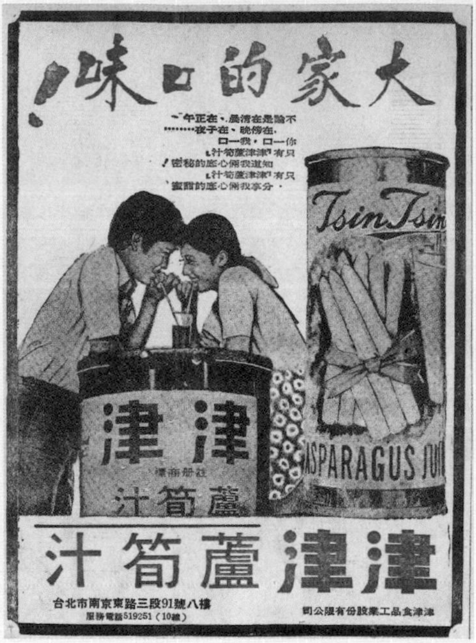

早期津津蘆筍汁罐頭的瓶身僅是幾根白蘆筍纏著緞帶的圖案，尚未出現比基尼女郎。

與快門就得耗掉幾十秒甚至幾分鐘的時間。津津老董能在海灘遊憩時瞬間捕捉到金絲貓的性感身影，這種人才應該早就被《Life》雜誌挖去當專職攝影師了。

再來，這位比基尼辣妹彎腰的姿勢非常不符合人體工學。她的手臂與身體軀幹呈九十度就算了，大腿與身軀同樣也呈九十度，從側面看根本就是個ㄇ字形。請問：這是正常人於正常狀態下會作出來的正常姿勢嗎？就算是用處於痙攣狀態的橫隔膜思考也知道，當然不是啊！既然不是，就絕對不是照片（那個年代還沒有PS），絕對是用畫的。

最後，二〇一六年復興航空宣告倒閉時，有網友因此聯想到津津公司也曾在二〇一一年時被法拍，但二十九名彰化廠老員工仍咬牙硬撐，重找廠房，繼續自產自銷，藉此鼓勵復興航空空姐們要有「津津精神」。多數鄉民或許不知道，成立於一九五〇年的津津食品公司，在一九六〇、七〇年代全盛時期曾有一千三百名員工。但一九八〇年起公司開始涉足房地產炒作，大玩金錢遊戲，而於一九八二年爆發財務危機，當時的老闆還因違反《票據法》而被起訴，彰化廠因此停產，公司總員工數從一千一百人裁減至只剩下五十人。其後公司重整，賣掉味精廠，過了一年多以後才逐漸復工，重新招聘員工。而彰化廠的復工方式也很神妙，居然是由彰化廠的部分在職員工協力籌資組成「協津食品公司」，再委託津津公司代工生產，然後津津公司再讓彰化廠復工。大家看懂了嗎？就是員工籌資，幫公司解決財務危機啦。

但不管是員工籌資還是員工自力救濟，可以確定的是，所謂的「老員工」於三十多年前那波公司爆發財務危機、重整的過程中，就已經洗去了一大堆。媒體訪談所說的二十九名老員工中，又有多少人曾經歷過一九八三年的停廠風暴，親臨過一九七一年的津津蘆筍汁上市的光榮時刻，或甚至在一九六一年時親眼看到老闆從國外帶回台的金髮女郎照片？用脂肪瘤想也知道，這樣的機率可說微乎其微。

綜合以上各種奇怪零散的證據資料，我們幾乎可以認定，金髮辣妹原為民國五十年津津老闆在國外拍攝的照片，這種說法的可性度極低，理應是現今內部員工自己腦補出來的神話故事。簡單來說，當時應該就是隨便找張國外雜誌上的比基尼女郎照片，再請畫師繪製。討論完比基尼金絲貓的問題後，我們就進入正題。

要生產蘆筍汁，得先要有蘆筍。但蘆筍原產於歐洲、北非和西亞，在歐洲被當為非常高級的蔬菜。台灣根本沒有生產蘆筍，請問台灣的蘆筍又是從哪冒出來的？

據說日據時代的改良場曾試種過蘆筍，但最後以失敗告終。台灣第一位試種植蘆筍的人是花蓮的郭大樹。郭兄早年曾在花蓮縣農會任職，負責肥料配給業務。一九五三年中國農村聯合復興委員會的肥料組組長 Gleason 前往花蓮視察，對郭大樹認真工作的態度大為讚賞。除了當場肯定嘉勉外，Gleason 還和他玩了個許願池的遊戲，詢問郭大樹有啥願望？而郭大樹見機不可失，當場講了個讓人跌破眼鏡的心願——他想種蘆筍。

為何大樹兄想種蘆筍呢？因為他早聽人說過，蘆筍是單價非常高的經濟作物，在國外種蘆筍可以賺大錢。而 Gleason 也算是說話算話的好漢子，之後便從美國華盛頓調了二十幾株蘆筍幼苗，空運來台送給郭大樹。據說在大樹兄的細心栽培下，還真的成功種出蘆筍。但蘆筍長出來後，麻煩也接著來了。雖說蘆筍是非常高經濟價值的作物，但大家只知道阿兜仔很愛吃，吃西餐時盤子上總會擺個一兩根。但台灣人一方面吃不起，更重要的是，也完全不知道蘆筍該怎麼吃。所以就算郭大樹種得出來，後續也不知道要賣給誰，留在田裡就和廢物沒兩樣。

之後在一九六〇年，彰化縣伸港的王煥然北上金山探訪好友借錢時，正巧碰到農復會鄉村衛生組組長許世鉅博士。王煥然趁機向許博士表示，他種了兩公頃的蘆筍，但蘆筍不怎麼好賣，連想送人都還沒人要，想說乾脆廢耕改種地瓜算了，希望農復會能補助他購買抽水機，好讓他種地瓜。

話說許世鉅博士是國際知名的公共衛生專家，在農復會主要的工作是負責鄉村公共醫療衛生、推廣家庭計畫，貢獻良多，還曾獲得「馬格賽賽獎」。順便一提，許博士的老婆是位洋妞，而這位洋妞最早還是他的英文老師。洋妞老師本來是幫許世鉅上英文課，上到後來就出現學生愛上家教老師，從課堂調教，到後來課後也調教的狀況。哇勒，怎麼聽起來像是 SOD 的情節。

回到正題。許世鉅雖是公共衛生專家，但他對農業植物生產算是個外行，對農產加工更是一竅不通。不過，許世鉅知道蘆筍罐頭在歐洲是高單價的食品。台灣若能推廣種植，發展蘆筍罐頭產業，日後出口賺外匯也不無可能。因此，他並沒有答應王煥然的請求，反而要他先去顧好那片蘆筍，絕對不能剷掉，他會回農復會找其他專家前去彰化實地探勘一下。

許世鉅回到農復會後，立即將此消息告訴技正李秀。李秀一聽大為吃驚，心想蘆筍一向都只能在溫帶地區種植，位處亞熱帶的台灣怎麼可能種得出來。但另一方面，李秀非常清楚蘆筍在歐美國家是高經濟價值作物，蘆筍罐頭的售價可說是洋菇罐頭的三倍以上。若能開創出蘆筍罐頭加工產業，並出口至歐美國家，必定能創造不小的外匯收益，同時能提高農民收益。因此李秀先去各大圖書館尋找相關蘆筍生產與罐頭製作的學術文獻，同時安排南下出差，實地探訪蘆筍種植的情況。

當李秀到了彰化，親眼看到王煥然的蘆筍田後，整個人都驚呆了。他立即跪在田地上，親手挖出五根白蘆筍。這次他畢生第一次親眼目睹白蘆筍，內心充滿激盪，狂喜之情就如同在輪椅上坐了十多年的中風患者突然因為神蹟而突然站了起來。當時李秀內心就發誓，無論如何都得發展出台灣的蘆筍罐頭產業。因此李秀拜託王煥然繼續堅持種植蘆筍，絕對不能把這片蘆筍田廢了。只要乖乖聽他的話，日後必定能賺大錢。

出差返回台北後，李秀立馬將自己的所見所問與宏大的理想抱負向組長許世鉅報告。但是沒想到幾天過後，當許世鉅參加農復會例行的主管會議回來後就警告李秀，千萬不能提出鼓勵蘆筍種植與加工的計畫。原因很簡單，李秀踩到別人的線了。

完整的食品罐頭生產鍊除了加工製罐以外，前端的原料生產更是不可或缺的環節。因此要發展蘆筍罐頭加工產業，同時得兼顧蘆筍的生產面。蘆筍種植面積要夠大、產量要夠高、品質要夠好，才能讓後端的加工業者無後顧之憂。雖說食品加工生產業務由李秀主管，但涉及到農業生產

Stokely 是二次世界大戰前成立的美國罐頭食品品牌，專門製造各類蔬菜與水果罐頭。對台灣來說，由於生活型態迥異，偏好新鮮蔬菜水果。但對老美而言，罐頭蔬菜和水果的接受度非常高，食品廠商也樂於提供各種免費的折價券，如這個廣告上綠蘆筍罐頭的折價券。

1905 年，加州的食品罐頭業者成立了「加州罐頭業者聯盟」（Canners League of California），聯盟會在雜誌上刊登廣告推廣加州的罐頭產品。圖為 1920 年代該聯盟推廣加州蘆筍罐頭的廣告，強調蘆筍罐頭不受季節限制，讓消費者一年四季皆可享用最美味的沙拉。

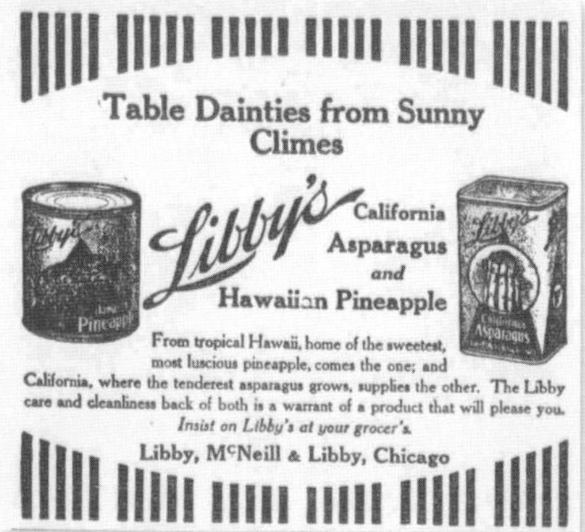

Libby's 是美國歷史悠久的食品罐頭廠商，除了水果、蔬菜罐頭，Libby's 的 100% 果汁罐頭在美國也非常暢銷。這張 1915 年的報紙廣告強調 Libby's 的鳳梨罐頭來自夏威夷，蘆筍則栽種於加州。

部分卻是「植物生產組」的權責。不過，當時全世界的農業專家都認為只有寒帶國家才種得出蘆筍，全球蘆筍主要產區因而以美國、法國與日本為主。因此，主管會議上當農村衛生組組長許世鉅提出發展蘆筍罐頭產業的建議時，植物生產組的專家紛紛認為這項計畫簡直是癡人說夢，感覺就和變性人囧腰居然能懷孕生子一樣，認為絕對不可能。即便台灣已有人成功種植出蘆筍，應該也只是少數特例。不僅難以複製到其他地區的農友身上，同時也不可能大量生產，更遑論產出的品質是否夠格製作能外銷出口的罐頭了。由於當時農復會的主事人是沈宗翰博士，其專業領域也是作物生產，因此就迅速將許世鉅的提案畫了個大叉叉。

面對上級長官的拒絕，李秀的內心世界可說塞滿了千萬匹的草泥馬。但許組長將長官的決定告知李秀後，又說了一句意味深長的話：「你能否不提計畫，而能推行呢？」鬼王我不得不說，這句話真的很深。若精確解釋許組長的意思就是：你李秀自己在外面想啥辦法推動蘆筍罐頭產業都行，反正我都會假裝沒看到。簡單來說，許組長默許了。

就在許組長默許後，李秀便前往台中找了家水果罐頭廠的張氏兄弟老闆，拜託他們以每公斤三十元的價格收購蘆筍，同時將自己從國外相關文獻資料研究出來的蘆筍罐頭製作技術傳授給張氏兄弟。過了數週，張氏兄弟終於傳回捷報。原來他們按照李秀給予的教戰守則，真的成功製造出蘆筍罐頭。而他們同時還仿冒法國的蘆筍罐頭，順利以每罐七十元的價格賣進台北的酒家。仿冒行為雖不可取，但是當山寨品能夠成功騙過消費者，其實也表示山寨貨品質已獲得肯定了。於是，台灣蘆筍罐頭產業的幼苗就以此種詭異的山寨模式種下了。

雖說李秀仍無法動用農復會的資源推動蘆筍罐頭產業，但太陽下沒有藏得住的秘密，種植蘆筍收益高的消息在鄉間慢慢傳開。一九六一年六月農復會出現了一位不速之客，說要向李秀請教關於蘆筍的問題。這位來自彰化伸港的劉東來僅僅是來向李秀確認，是否看好蘆筍罐頭產業的未來發展？當然啦，李秀的答案絕對是肯定的，然後此人就匆匆離去消失了。劉東來回去後就邀朋友們集資，除購買蘆筍種苗外，同時還向美國進口蘆筍種子。過了四個月後，「台灣蘆筍公司」就在台中市掛牌成立了。

一九六三年六月李秀被政府派往歐洲考察，他在某次餐宴中認識了一位坐在他身旁的德國蘆筍罐頭進口商。巧合的是，那次餐宴的第一道菜就是白蘆筍。儘管李秀在一九六一年就曾親自見證過台灣第一批成功種出的蘆筍，但他卻從未品嚐過此物，連蘆筍該怎麼吃，他也沒有任何idea。因此，李秀只能像個鄉巴佬般看著德國貿易商示範蘆筍的正確吃法。德國佬首先將蘆筍尖部送入口中輕咬著，再用手指從底部將蘆筍皮剝下，最後再將剝完皮的蘆筍肉放置盤內。此時李秀好奇地發問，為何不先將蘆筍皮削掉再做成罐頭？面對李秀的提問，德國佬也是滿臉懵逼，只好像個高中生教導小一生般向李秀解釋：每根蘆筍大小、粗細都不一樣，不可能用機器削皮。德國每年從美國進口大批的蘆筍罐頭，他做這生意已經有二十年了，蘆筍罐頭向來都是帶皮的。就當德國佬指導完後，李秀的腦海也立馬清楚得知，未來台灣罐頭若要進攻歐美市場就必須靠削皮蘆筍。如果台灣蘆筍罐頭不僅價格更為低廉，甚至是將皮削好，必能廣受歡迎。

李秀有這樣的想法，絕非無的放矢。一九七〇年代初期，針對台灣罐頭生產成本的研究就發現：雖然美國罐頭工廠的機械化程度高，每箱罐頭所耗費勞動力比台灣少了十倍。但當時台灣的

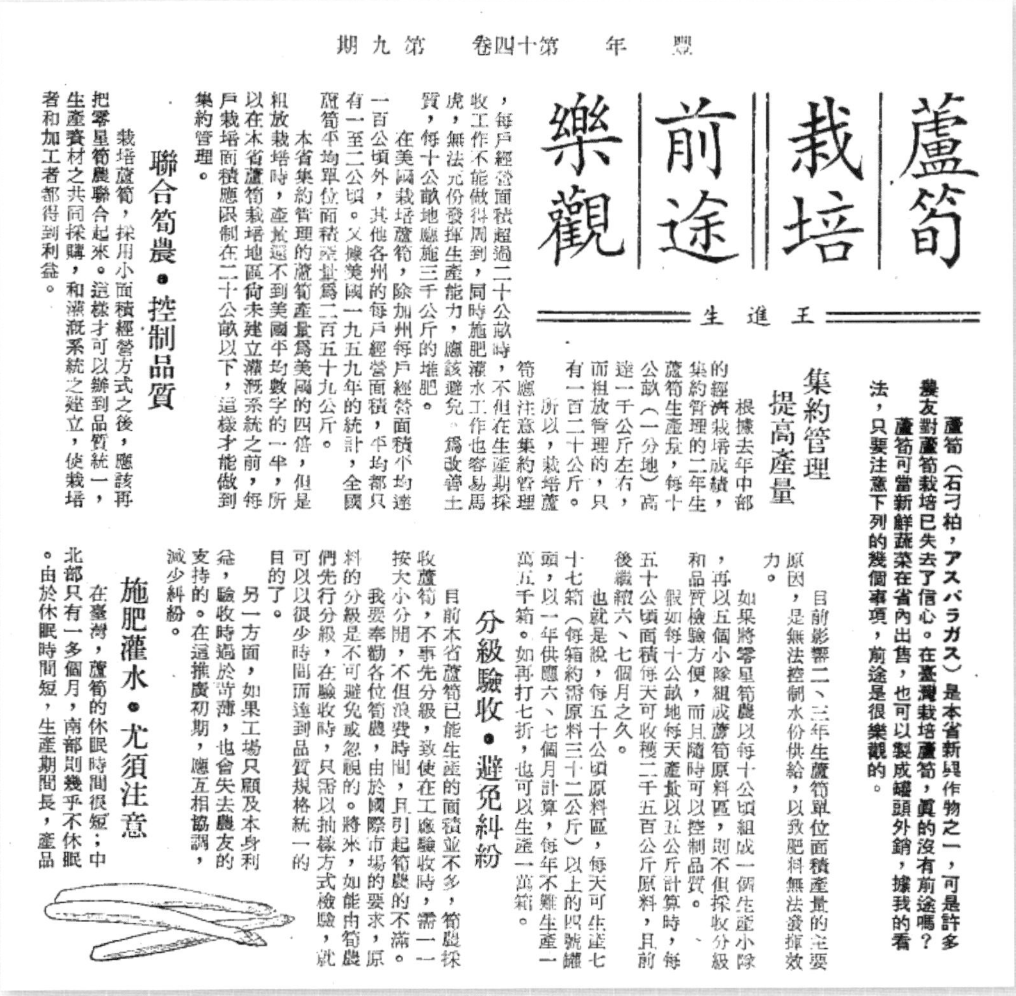

豐年　第十四卷　第九期

蘆筍栽培前途樂觀

王進生

蘆筍（石刁柏，アスパラガス）是本省新興作物之一，可是許多農友對蘆筍栽培已失去了信心。在臺灣栽培蘆筍，眞的沒有前途嗎？

蘆筍可當新鮮蔬菜在省內出售，也可以製成罐頭外銷，據我的看法，只要注意下列的幾個事項，前途是很樂觀的。

集約管理　提高產量

根據去年中部的經濟栽培成績，集約管理的二年生蘆筍生產量，每十公畝（一分地）高達一千公斤左右，而粗放管理的，只有一百二十公斤。

所以，栽培蘆筍應注意集約管理，每戶經營面積超過二十公畝時，每戶經營面積超過二十公畝時，不但在生產期採收工作不能做得周到，同時施肥灌水工作也容易馬虎，無法充份發揮生產能力，應該避免。為改善土質，每十公畝地應施三千公斤的堆肥。

在美國栽培蘆筍，除加州每戶經營面積不均達一百公頃外，其他各州的每戶經營面積，平均都只有一至二公頃。又據美國一九五九年的統計，全國蘆筍平均單位面積產量為二百五十九公斤。

本省集約管理的蘆筍產量為美國的四倍，但是粗放栽培時，產量還不到美國平均數字的一半，所以在本省蘆筍栽培地區尚未建立灌溉系統之前，每戶栽培面積應限制在二十公畝以下，這樣才能做到集約管理。

聯合筍農・控制品質

栽培蘆筍，採用小面積經營方式之後，應該再把零星筍農聯合起來。這樣才可以辦到品質統一，生產資材之共同採購，和灌溉系統之建立，使栽培者和加工者都得到利益。

目前影響二、三年生蘆筍單位面積產量的主要原因，是無法控制水份供給，以致肥料無法發揮效力。

如果將零星筍農以每十公頃組成一個生產小隊，再以五個小隊組成蘆筍原料區，則不但採收分級和品質檢驗方便，而且隨時可以控制品質。

假如每十公畝地每天產量以五公斤計算時，每五十公頃面積每天可收穫二千五百公斤原料，且前後繼續六、七個月之久。

也就是說，每五十公頃原料區，每天可生產七十七箱（每箱約需原料三十二公斤）以上的四號罐頭，以一年供應六、七個月計算，每年不難生產一萬五千箱。如再打七折，也可以生產一萬箱。

分級驗收・避免糾紛

目前本省蘆筍已能生產的面積並不多，筍農採收蘆筍，不事先分級，致使在工廠驗收時，需一一按大小分開，不但浪費時間，且引起筍農的不滿。

我要奉勸各位筍農，由於國際市場的要求，原料的分級是不可避免或忽視的。將來，如能由筍農們先行分級，在驗收時，只需以抽樣方式檢驗，就可以以很少時間而達到品質規格統一的目的了。

另一方面，如果工場只顧及本身利益，驗收時過於苛薄，也會失去農友的支持的。在這推廣初期，應互相協調，減少糾紛。

施肥灌水・尤須注意

在臺灣，蘆筍的休眠時間很短；中北部只有一多個月，南部則幾乎不休眠。由於休眠時間短，生產期間長，產品

為推廣蘆筍加工事業，1964 年《豐年》半月刊因此出現了蘆筍前景看好、鼓勵農民栽種的文章。

工資成本只有美國的二十分之一，所以算下來每箱罐頭的實際成本只有美國的一半。因為一九五〇、六〇年代正是台灣勞動力成本最低廉的時期，

儘管一九六一至六二年間，台灣已成功生產出蘆筍罐頭，但當時銷量不大、蘆筍種植面積也不夠廣。當時雖有少量出口，但主要出口地是東南亞國家，而這一切都是本土少數罐頭工廠自己努力的結果。由於一九六一年時李秀已被警告不能提蘆筍罐頭產業的相關計畫，所以蘆筍罐頭產業至此還是處於嗷嗷待哺的狀態。但在一九六四年，西德罐頭進口商公會發了一封信到台灣，信中陳述了十項台灣出口至德國的蘆筍罐頭之缺失。李秀見機不可失，利用某次陪同外貿會主委徐柏園下鄉訪察的機會，向徐柏園報告此事，同時說明蘆筍罐頭產業大有可為。

徐柏園何許人也？他可是蔣宋美齡面前的大紅人，曾擔任過省政府財政廳廳長、財政部部長與中央銀行總裁，當時正權傾一時。就當李秀才向徐柏園面報沒多久，一個禮拜後，經濟部就召開由徐柏園親自主持的會議，討論蘆筍罐頭改良與國際市場開拓等議題，會中並決議由李秀擔任技術改進小組的召集人，負責改良蘆筍罐頭品質。其後李秀即帶領小組共同訂定了「蘆筍罐頭產銷改進方案」，輔導農會和罐頭工廠，改善德國方面所列舉的十大缺失，同時以農會作為原料收購的主體，罐頭工廠需採用經由農會品管的蘆筍作為原料，才能報關出口。

「蘆筍罐頭產銷改進方案」實施後，台灣的蘆筍罐頭產業不管在「質」與「量」都出現了突飛猛進的轉變。一九六三、六四年台灣的罐頭生產量為三千和十萬九千箱，但是到了一九六五年

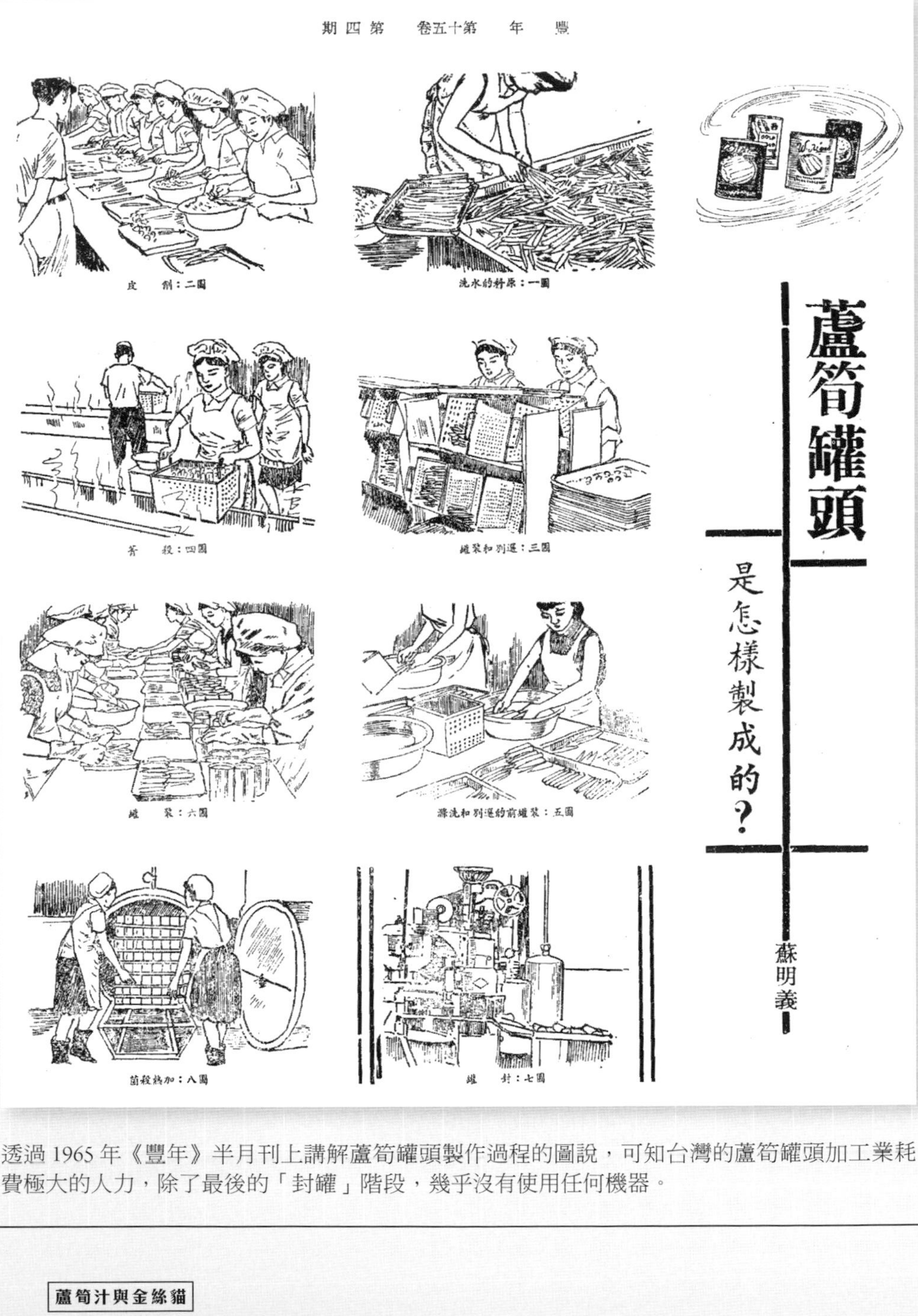

透過 1965 年《豐年》半月刊上講解蘆筍罐頭製作過程的圖說，可知台灣的蘆筍罐頭加工業耗費極大的人力，除了最後的「封罐」階段，幾乎沒有使用任何機器。

蘆筍加工廠生產線上清一色是女工，這為早期台灣農村提供大量的就業機會。

早期廣告什麼都敢寫，彷彿寫死人不償命一般。綠島蘆筍汁的廣告除了能訴求清涼降火外，還強調「含有維他命A、B、C與其他複合維生素，及各種氨基酸，是降火生津，降低血壓的夏季最佳飲料」。

立即成長為一百七十九萬一千箱，成長幅度高達十六倍以上。一九七〇年，罐頭生產量更創下歷史記錄，達到八百九十三萬六千箱，正式超越美國，成為全球第一大的蘆筍罐頭出口國。

就在台灣努力生產蘆筍罐頭出口時，蘆筍汁也悄悄地誕生了。製作蘆筍罐頭時，需先將一條一條的蘆筍放置於木模內排列整齊，裁切成同樣的長度後，再進行削皮的動作。而這種規格化的過程，就會產生許多蘆筍下腳料。當時聰明的廠商就靈機一動，將NG品與這些下腳料榨汁，加點糖進去，再裝填進罐頭內，就變成風味清新的蘆筍汁罐頭了。

雖然大家都將蘆筍汁當飲料喝，但早期蘆筍汁罐頭被列為「蔬菜類」的商品，免徵貨物稅，所以成本低，售價低廉。與要被課徵百分之三十貨物稅的汽水飲料相較，競爭力超強。當時蘆筍汁可說是風靡全台，國人興起了一股喝蘆筍汁的風潮，雖然許多罐頭工廠不具備出口罐頭的資格，但仍相繼投入生產蘆筍汁。此外，一九六七年農民種植蘆筍出現超種的狀況，搞到經濟部不得不勸導廠商將多餘的蘆筍拿去榨汁。不過，蘆筍汁的市場雖大，產地原料的供應卻仍有限。因此，有些地下工廠就靈機一動，乾脆生產假蘆筍汁。

一九六七年警方就曾在三重查獲一家地下工廠，專門生產冒牌蘆筍汁和黑松、七喜汽水。根據當時警法查獲的原料可以判定，假蘆筍汁的原料很簡單，只有自來水、香料、糖精和色素等成分。簡單來說，就是將這些成分混調成甜甜的色素水後，就能批給柑仔店販售。好奇的讀者必定會問，製造假蘆筍汁、假汽水到底好不好賺？據說當時查獲「不法利益數十萬元」。

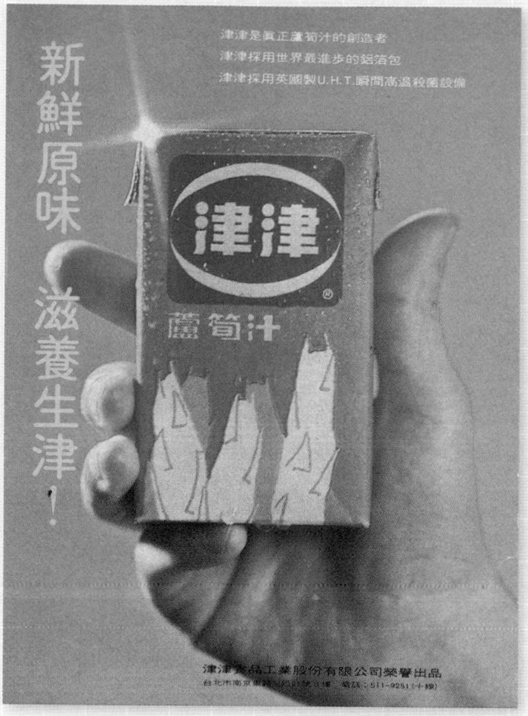

1970 年代初期利樂包（俗稱鋁箔包）引進台灣，津津也在 1976 年推出蘆筍汁鋁箔包，當時新包裝的蘆筍汁取消了比基尼女郎的圖案。

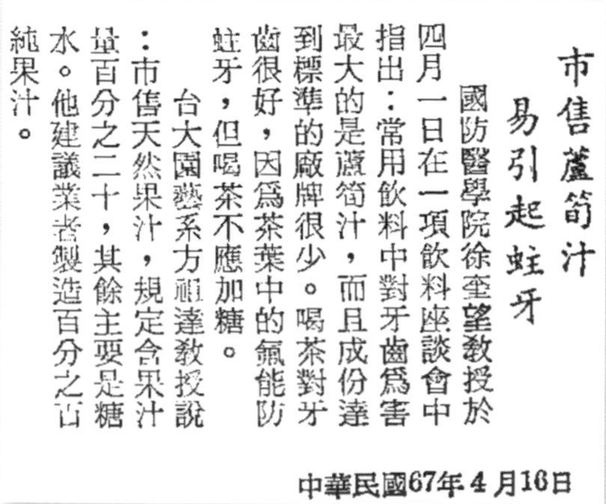

市售蘆筍汁 易引起蛀牙

國防醫學院徐奎望教授於四月一日在一項飲料座談會中指出：常用飲料中對牙齒爲害最大的是蘆筍汁，而且成份達到標準的廠牌很少。喝茶對牙齒很好，因爲茶葉中的氟能防蛀牙，但喝茶不應加糖。

台大園藝系方祖達教授說：市售天然果汁，規定含果汁量百分之二十，其餘主要是糖水。他建議業者製造百分之百純果汁。

中華民國67年4月16日

味王「冠軍蘆筍汁」完全毫不避諱地傳承比基尼女郎的風格。

1970 年代晚期蘆筍汁不再風光，學者便開始關心蘆筍汁的高糖份可能引起蛀牙的問題。

雖說「數十萬元」是個非常含糊的數字，範圍可從十一萬延伸到九十九萬，那我們就先假設為五十萬好了。那麼一九六七年的五十萬到底是個什麼樣的概念？當時中階公務員一個月的薪水差不多是八百至一千元，若取中位數九百元，換算下來五十萬元就相當於四十六年的薪水。也就是說，幹了一輩子只能領死薪水的公務員還不如去製造甜甜的色素水了。

一九七〇年代初期市場上出現的蘆筍汁品牌除了津津以外，還包括「台鳳蘆筍汁」、「統一蘆筍汁」、「冠軍蘆筍汁」、「津好好蘆筍汁」、「綠島蘆筍汁」，甚至連生產「維他露 p」汽水的維他露食品股份有限公司也投入蘆筍汁的生產。諸多廠商之所以熱烈投入生產蘆筍汁的陣營，主要是因為這些蘆筍汁罐頭製造工廠均屬於綜合性的食品罐頭工廠，大部分同時也生產著蘆筍、洋菇、鳳梨、檬果、荔枝、龍眼等食品罐頭，蘆筍汁對他們來說基本上只是副產品，可說是一片小蛋糕的玩意兒。而當時廠商的廣告訴求不外乎是，蘆筍汁含有維他命 B1、B2、C，以及蛋白質，不僅清涼解暑，而且營養豐富、健魄強身。但光是營養豐富顯然還不夠，位於彰化縣二水鄉的益民食品工業公司還推出了「綠蘆筍汁」，強調其為「綠蘆筍加蜂蜜製成的植物性飲料；因其含有特別成分，所以可以平衡血壓及防止血管硬化，增加血管彈性」。簡言之，就是比其他家的白蘆筍汁產品更好上數倍的優質飲料。喝含糖飲料居然可以預防心血管疾病，鬼王我還是頭一次聽到，真後悔以前沒有天天把蘆筍汁當水喝，如今看來，心臟內那兩根支架倒是白裝了。

百花齊放、百家爭鳴的狀況其實就意謂著，當時的蘆筍汁市場確實處於天下大亂、形勢大好的局面，但這也同時暗示著市場上的蘆筍汁罐頭正出現削價競爭的狀況。激烈廝殺的結果，必定讓某些實力不足的廠商陸續退出。自一九七〇年代晚期，因為台灣勞動力逐漸提高，傳統的蔬果罐頭產業優勢不再，蘆筍種植面積逐漸減少，使得蘆筍原料供應的成本增加。另一方面，蘆筍汁之所以好喝入口，勢必得加入大量的糖，當時即有學者表示在各類飲料中，最傷害牙齒的就是蘆筍汁，此言當然對蘆筍汁的形象重傷不小。此外，台灣的飲料市場進入一九八〇年代後又出現了全新的發展，罐裝咖啡與茶飲相繼問世，蘆筍汁的盛況也因此逐漸淡去。

如今講起蘆筍汁，除了清涼消暑的好滋味外，就只剩下這比基尼女郎的意象了。至於辣眼的比基尼女人究竟是在何時正式登上津津蘆筍汁的罐頭身？鬼王我還真的理不出頭緒，現今唯一確認的是，一九七四年的津津蘆筍汁報刊廣告上就已經出現比基尼女郎，但當時的廣告設計背景是海邊成站臥姿的比基尼女郎，地上則放置了津津蘆筍汁罐頭，而這罐頭上的圖案仍是樸實無華的白蘆筍。至於津津蘆筍汁何時將比基尼女郎直接印在罐頭上，應該是件歷史懸案了。但火辣亮眼的比基尼女郎卻成為其他廠牌仿效的對象，至少味王的「冠軍蘆筍汁」就毫不避諱地承襲了相同的設計理念。

在這免費色情網站早已充斥於網路的時代，比基尼女郎還真的無啥看頭可言。但是一九七〇年代津津蘆筍汁的創舉，不僅走在時代的前端，還讓人留下深刻的記憶。蘆筍罐頭產業早已沒落，但只有這位金絲貓還屹立不搖地跪站在沙灘上。

10

台式早餐店

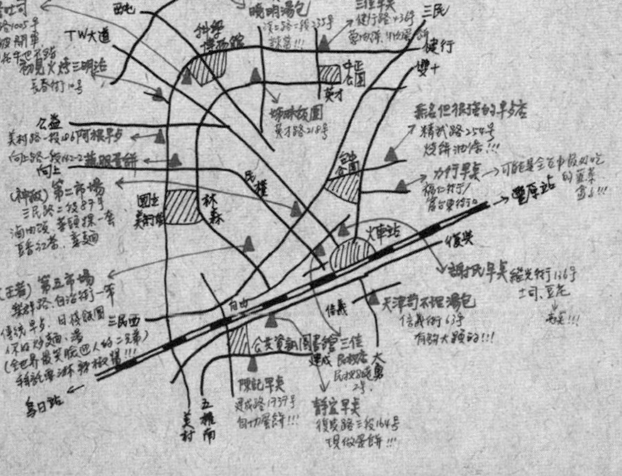

漢口
晚明湯包
三佳早餐
三民
TW大道
科學博物館
健行
中正公園
英才
雙十
長春街10號
公益
英才路218號
精武路254號
燒餅油條!!!
向上
第二市場
三民路二段87號
國立美術館
林森
民權
第五市場
火車站
復興
天津苟不理湯包
信義街63號
有夠大顆的!!!
自由
三民西
信義
公共資訊圖書館
建成
大勇
陳記早餐
建成路1737號
自功蛋餅!!!
復興路三段164號
現做蛋餅!!!
烏日站
美村
五權南

10

台灣人是種很奇妙也很矛盾的存在。雖說百分之九十九點九九的台灣人都會罵台灣的新聞沒水準、沒知識、沒營養，而「小時不讀書，長大當記者」似乎已成為這個時代的醒世格言。但即便台灣新聞的評價已經比拉人進健身房辦卡的業務姿態都還低時，多數人的家裡還是習慣整天將電視新聞台開著，許多小吃店麵店、自助餐廳同樣如此。更奇怪的是，親朋好友來作客聊天時，主人還是會開著新聞台，彷彿不將新聞台開著當ＢＧＭ，整個場面就會冷成殯儀館停屍間的狀態。

構成台灣弱智新聞的三大無聊元素包括了：飲食報導、行車記錄器，以及YouTube錄影，而其中飲食類報導類型新聞除了介紹美食小吃外，記者們最愛拿營養午餐和早餐開涮。一下說早餐店的漢堡肉內幾乎沒啥肉，一下又說早餐店的奶茶可說是地表上最強的瀉藥。反正講來講去都差不多，表面上是善意提醒，實際上根本就是刻意製造恐懼、創造流量。

不過，講起台灣的「早餐店」，還真的滿有趣的。其實早餐的樣態應該也是千變萬化的，除了薯條三明治漢堡外，豆漿燒餅油條，麵包牛奶，清粥小菜，肉羹麵，或南部流行的炸粿、煎盤粿，都是台灣人會吃的早餐類型。先前曾有許多人會在臉書上刻意秀出台南人多樣化的早餐型態，一群不服氣的台北人也發展出老台北人的早餐地圖。與此同時，某位老文青作家寫了篇〈台中人的早餐在哪？〉的文章，引起軒然大波後，甚至驚動到台中市長自己在臉書上貼出「台中早餐手繪地圖」為自家的早餐說話。

雖說全世界沒有任何一條法律會明文規定什麼樣的食物才夠格當早餐，更不會限定早餐只能

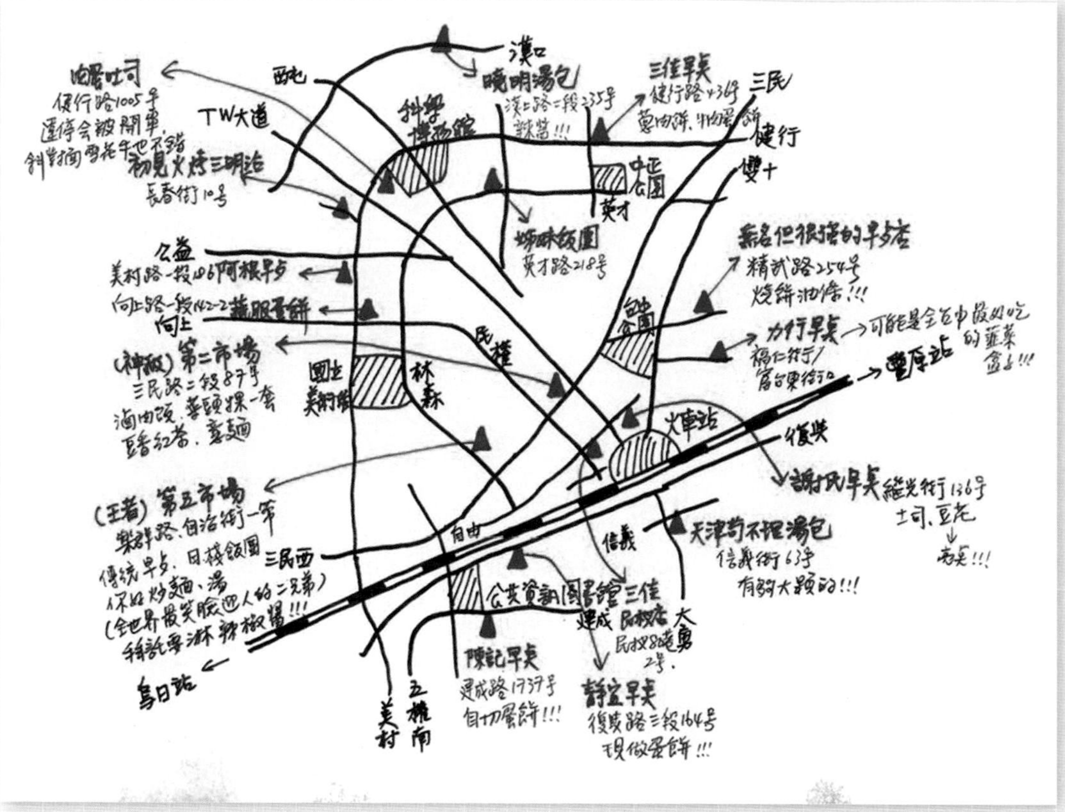

先前為了捍衛自家縣市早餐的多樣性，前台中市市長林佳龍在臉書上分享市府專門委員手繪的台中人「早餐地圖」。

吃哪些東西。早餐要吃啥，本來就是個人的自由選擇。但現在年輕人一講到「早餐店」時，指的就是那些專門賣漢堡、三明治、紅茶的飲食店。然而，此種餐飲店在台灣出現的歷史也才三十多年左右，如今卻能成為早餐市場的主流，甚至獨佔「早餐店」的名號。更重要的是，此種能同時供應各類漢堡、吐司、三明治、蛋餅、鐵板麵、薯條、炸雞塊、紅茶、咖啡、豆漿的早餐店，走遍世界各地還真找不著，不得不稱之為另類的台灣奇蹟了。

當我們討論台式早餐店究竟是如何興起之前，得先追問早期的台灣人早餐到底吃啥？鬼王我此處講的「早期」指的是清朝與日據時代。現今許多人討論老台北人、老台南人或老台中人多樣化的早餐，所列舉出的各種餐點都是戰後才逐漸發展出來的樣態。也就是說，某些餐點可能在一個世紀以前就已出現，但它被納入早餐的選項卻是近幾十年來才發生的事。

舉例來說，台中早餐手繪地圖出現的韭菜盒、蛋餅、蔥油餅，就是一九四九年後由外省族群帶來台灣的。此外，蘿蔔糕這類傳統米食製品，理論上在清朝或更早以前就已經存在，但它能從港式茶樓內的點心轉變為現今早餐店菜單中的品項，也是近二、三十年的事。無論各縣市、各區域所販售的早餐有啥特色，不管您是直接在店裡吃或是買回家吃，這都隸屬於「外食」的型態，而我們日常三餐採取外食的比例，基本上也必定與經濟發展程度相關。

傳統農業社會的特徵就是，大家都一窮二白，勞動力不值錢，手頭現金少，能自己動手做就自己動手做，能不花錢就盡量不要花到錢。這就好比早期農家副業養豬，農民寧願辛苦收集廚餘餿水，自己種地瓜摘地瓜葉餵豬，打死也不願意花錢買豬飼料。大眾化的外食體系在台灣應該是一九六〇年代以後因工業化程度提高才逐漸發展起來，而社會大眾普遍習慣外食則是一九八〇年代以後的事。因此，現在許多人所談論起的老ＸＸ人的美食早餐，其實成形的歷史也不過三、四十年，但卻被講得好像是嘉慶君遊台灣時就已存在的老傳統似的，其中最顯著的案例就是台南人的早餐牛肉湯。

至於日據時代或更早以前，台灣人的早餐究竟長啥樣呢？大家也不用太期待，鬼王我就明說了，當大家都一窮二白時，也不可能吃太好。連橫完成於一九一八年的《臺灣通史》就寫道：「臺灣產稻，故人皆食稻。自城市以及村莊，莫不一日三餐，而多一粥二飯。富家既可自贍，貧者亦食地瓜，可無枵腹之憂。」這整句話翻成白話文的意思就是說：台灣的米很多，所以大家都習慣吃米飯。通常一天三餐，早餐吃的是稀飯，中餐、晚餐則是吃乾飯。有錢人家的白米飯都能吃到飽，至於窮人家則會搭配地瓜，這樣肚子就不會餓了。

古早時期台灣人的早餐就是自家媽媽煮的稀飯，不過，當時大家吃的稀飯也和現今街頭賣的廣東粥是完全不同的玩意（但台灣的廣東粥和真正香港、廣東的廣東粥其實也是兩個不同世界的玩意）。傳統台灣早餐的稀飯就是稀稀的米湯，再搭配些小菜醬菜，至於窮人家吃的就是地瓜稀飯。而台灣人早餐吃稀飯的原因並不是為了好消化或啥的，主要是為了省米。碰到插秧、收割時，因為要應付大量的體力勞動，所以農忙時的早餐會變成乾飯。至於網路上美食作家部落客所講的麵線糊或炸粿，是否可能是古早時期台灣的庶民早餐？當然是有可能，但絕對是少數。一方面是經濟能力問題，另一方面則在是數媽媽不可能有這麼多心思與能力天天努力變化菜色。

一九四九年將近一百萬的外省軍公教人員遷徙來台，同時也帶來許多大陸各地的特色食物與飲食習慣。豆漿、燒餅油條、包子、饅頭這類傳統中式早點，幾乎都是一九四九年後才出現的。當然，外省人中有一大部分是習慣吃麵食的北方人。儘管台灣小麥和黃豆的產量極微，但一九五〇年代起美國佬送來源源不絕的美援小麥與大豆，所以北方人的飲食習慣在台灣才得以獲得滿足。此外，美國從一九六〇年代起在台灣發起「麵食推廣運動」，所以像是包子、饅頭、蔥油餅、水餃等麵食才開始在台灣普及起來。

早在一九五〇年代，台北街頭就有專門賣豆漿、油條和包子饅頭的早餐店。據說永和豆漿之所以能紅起來，就是因為豆漿夠濃，而且豆漿煮熟後帶有點特殊的焦味，因此深受許多人喜好。到了一九六〇年代，台北中正橋頭的永和豆漿已經是遠近馳名的小吃了，它同時也是以早餐與宵夜的形式存在著。一九六五年，隸屬於大導演李翰祥所創立之國聯電影公司的當家花旦汪玲，就經常從台北市驅車前往永和吃豆腐腦和燒餅油條，還因此多次驚動店內的顧客。而一九七〇年媒體亦有報導，即便是午夜十二點過後的永和，依然車水馬龍、門庭若市。除了永和豆漿外，附近的各類特色小吃也是應有盡有。一些藝文小說經常會寫到男、女主角兩人在晚上手牽著手散步，一起從台北市重慶南路跨過中正橋去吃永和豆漿的情節。

一九五〇、六〇年代豆漿、燒餅油條、包子的興起，主要在於街頭巷尾的小店面或路邊攤，此外，行政院國軍退除役官兵輔導委員會於一九七〇年代起，為了安置退休榮民，曾經廣泛建立各類事業，其中包括食品加工、瓦斯、連鎖商店、餐廳等，而其經營的「欣欣餐廳」則開始將豆漿、燒餅油條、包子納為其開設的欣欣餐廳之早點品項。一九七〇年一月三十日基隆港東岸客運大廈落成啟用，大廈二樓即由國軍退除役官兵輔導會經營的欣欣餐廳承包，至於台北市南陽街的欣欣餐廳則於隔年成立，通稱為「小欣欣」。

小欣欣餐廳成立後不久，馬上獲得中央政府要員的青睞。當時蔣經國剛升任行政院長，為了端正公務人員風氣，因此嚴格禁止奢華宴客、鋪張浪費之風。蔣經國會見民間人士或與部會首長們在進行早餐會議時，都喜歡選在小欣欣舉行。甚至連當時的財政部長李國鼎會見來台訪問的美國標準石油公司總裁（Standard Oil，又稱美孚石油公司）與美國亞莫可石油公司副總裁（American Oil Company，Amoco）時，也都安排在小欣欣以早餐會的形式進行。但其後小欣欣能在戰後台灣發展史上留名，並非由於豆漿和燒餅油條，而是半導體。一九七四年二月時任經濟部長的孫運璿、行政院秘書長費驊、電信總局局長方賢齊、RCA微波研究室主任潘文淵、高玉樹、工研院長王兆振與電信研究所長康寶煌共七人，便是在小欣欣進行早餐會議，確定了台灣將發展積體電路產業的方向，成為台灣日後強大的半導體產業的起點。

當傳統中式餐點逐漸進入台灣民眾早餐菜單的同時，各類西式飲食也開始在台灣出現。一九七〇年文化大學中文系畢業的彭裕騏在天母開設了「彭園西餐廳」，這家餐廳菜單上即有義大利披薩。由於天母本來就是在台洋人的聚集地，所以披薩的銷售狀況還不錯，據說每天能賣出三、四十張披薩。其後，一九七三年希爾頓飯店正式在台北火車站對面開業，是全台第一家國際性的連鎖飯店，早期來台訪問的國際巨星如伊莉莎白·泰勒和歌手湯姆·瓊斯都曾下榻於此。一九七〇年代希爾頓飯店曾是台北市最高的建築物，算是那個時代的重要地標，當時在希爾頓飯店內就設有專賣披薩的小餐廳。

披薩在一九七〇年代初期即已在台灣出現，而一九七四年七月由養雞協會理事長史桂丁與其他養雞界人士共同投資的「頂呱呱香酥炸雞店」，則在西門町樂聲戲院附近設立了門市部。雖說當時美國的肯德基炸雞（Kentucky Fried Chicken, KFC）還未進入台灣，但頂呱呱則宣稱其「口味與配方上，以及所有烹調機械，均由美國著名的老人牌美國肯塔基炸雞所供應」。當時頂呱呱究竟是直接山寨肯德基，或真的獲得肯德基的授權配方，鬼王我難以判斷。不過可以確定的是，美式速食已開始進入台灣。既然披薩、炸雞都已搶灘登陸，接下來就輪到漢堡薯條了。不過，最先映入國人眼簾的卻是徹徹底底的山寨版麥當勞。

一九七八年七月八日，麥當樂在台北火車站旁開幕，其位置就位於台北市忠孝西路希爾頓飯店的正對面。麥當樂開幕當天還在報紙上刊登了廣告，邀請「大家來共享世界性時髦的餐點」，開幕儀式上還請到了費玉清、費貞綾與陳盈潔等藝人蒞臨剪綵，供應的餐點則包括牛肉漢堡飽、豬肉漢堡飽、魚柳飽、薯條、美國奶昔與咖啡、紅茶等飲料。一間默默無聞的小店居然能在當時的黃金地段開店，還能請到知名影視紅星蒞臨剪綵，可見其媒體公關操作能力必定有過人之處。

設立麥當樂的美多樂食品公司董事長陳進丁當時接受媒體訪問表示，一九七七年他在美國從一位在麥當勞公司擔任地區經理的朋友處，獲得所有麥當勞食品的配方。於是花了五個月的時間，天天自己練習做漢堡、煎漢堡肉、削馬鈴薯、炸薯條，直到掌握一切流程、獲致滿意的成果後，他再將整套 SOP 傳授給四位新招募來的大學畢業生，最後才在火車站旁開設了麥當樂。除了增加新聞報導與媒體曝光度外，麥當樂還印製墊板，在許多學校門口發送給放學的小學生。墊板正面當然是麥當樂的產品廣告，背面則是注音符號與九九乘法表。小朋友們收到免費墊板後，

美國麥當樂今天在希爾頓正對面開幕
恭請 李涓／林雨青／陳盈潔／費貞綾／
費玉青／劉林 蒞臨剪綵（姓氏依筆劃序）
大家來共享世界性時髦的餐點
麥當樂薯條
牛肉漢堡飽
魚柳飽
豬肉漢堡飽
美國奶昔
凡是12歲以下，7月8日出生的壽星，携帶證件，於當天至麥當樂，可免費享受麥當樂全餐一份，並獲贈生日紀念照一組。
麥當樂
美多樂食品股份有限公司
台北市忠孝西路一段91－93號

麥當樂公司來來分店
•明天開始營業•
看電影、逛西門町也能吃到真正的漢堡飽
•中華民國第一家漢堡專賣店
•百分之百的牛肉漢堡飽、豬肉漢堡飽、魚柳飽
麥當樂企業有限公司
台北市忠孝西路一段91～93號
東站門市部：希爾頓飯店正對面
來來分店：武昌街來來百貨公司一樓

1978 年在台北車站旁開幕的麥當樂漢堡店，可說是不折不扣的山寨店，但開幕時的風光程度根本不亞於後來所有正宗速食店的開幕式。

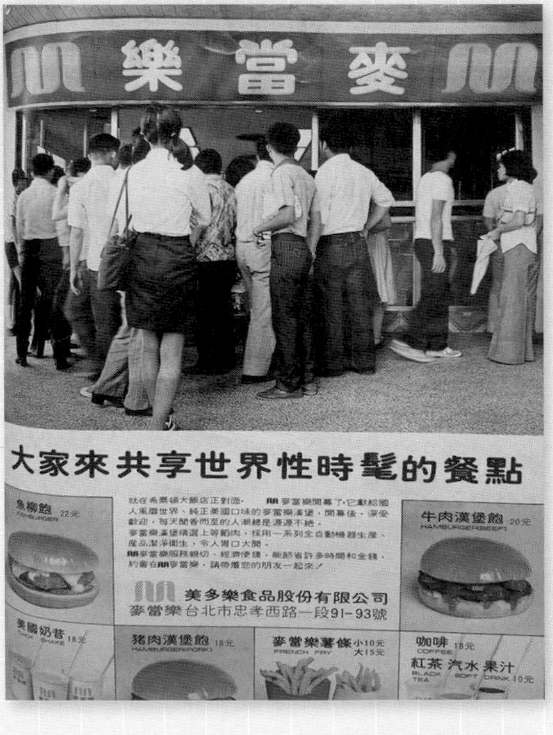
樂當麥
大家來共享世界性時髦的餐點
魚柳飽 22元
FISHBURGER
就在希爾頓大飯店正對面，麥當樂開幕了，已獻給國人風靡世界、純正美國口味的麥當樂漢堡，開幕後，深受歡迎，每天聞香而至的人潮總是源源不絕。
麥當樂漢堡精選上等餡肉，採用一系列全自動機器生產、產品潔淨衛生，令人胃口大開。
麥當樂服務親切、經濟便捷，能節省許多時間和金錢，約會在麥當樂，請帶着您的朋友一起來！
牛肉漢堡飽 20元
HAMBURGER(BEEF)
美多樂食品股份有限公司
麥當樂台北市忠孝西路一段91-93號
美國奶昔 18元
豬肉漢堡飽 18元
麥當樂薯條 小10元 大15元
咖啡 18元
紅茶 汽水 果汁 10元

回家當然會吵著要家長帶他們去嚐鮮。此外，麥當樂更積極參與各項公益活動。一九七八年十二月十五日，時任美國總統卡特宣布隔年元旦正式與中華民國斷交，並與中華人民共和國建交。當時工商界紛紛發起捐助自強救國基金的活動，麥當樂亦不落人後，表示將十二月二十五日訂為麥當樂義賣日，當日營業收入將全數捐出。山寨廠商能表現得如此招搖，還真是台灣奇蹟了。一九八〇年二月十四日，陳進丁還發起「和孤兒一塊過年」的活動，邀請八百多位育幼院小朋友提前到各麥當樂分店內歡度春節，陳進丁還特別送給每位小朋友一件漂亮的新毛衣。

自麥當樂開張後，馬上受到年輕人的歡迎與喜愛，成為最夯的年輕人聚集地。當時有失蹤多日的蹺家少女後來被爸媽在麥當樂店內找到的社會新聞，可見麥當樂受歡迎的程度。而麥當樂才開幕後四個月，同年十一月二十四日又在西門町來來百貨內開設了「來來分店」。直到一九七九年十一月，麥當樂已開設了五家店面。其他山寨品牌如「大家樂」、「全家樂」等，也開始紛紛在台灣出現。

雖說麥當樂是山寨品牌，但陳進丁看準了當時正版的麥當勞還沒引進台灣，因此仍鑽了這個漏洞，以「麥當樂」申請註冊商標。有趣的是，中央標準局認為「麥當樂」商標的發音與美商麥克唐納公司（McDonalds Corporation）的讀音相近，因此於一九七九年二月駁回了陳近丁的申請。中央標準局居然主動為根本還沒進台灣的正牌麥當勞把關，實在讓人費解。直到三月五日經濟部發布了一項不起眼的消息，一切就真相大白了。原來自一九七九年起就有許多外商向投資審議委員會提出來台投資的意願，除美商奇異電器公司外，美商麥當勞公司國際部經理「等一行曾於最近來訪」，「計劃與我國業者合作投資設立麥當勞快食連鎖店，並將提供其快食產品配方及經營方法」。看來，為了創造良好的投資環境以吸引外商前來，我們大有為的政府官員只好駁回山寨版麥當樂的商標申請。

儘管當時政府已在幫麥當勞鋪路，但這些官員也不是吃素長大的。麥當勞為了申請進入台灣，台灣官方對其也設下許多嚴苛的要求，包括麥當勞採用的麵包、馬鈴薯、番茄、醬料、餐具等許多品項，都得採用台灣本土廠商所生產的產品。因此，為了準備台灣麥當勞分店的開幕，前後耗費兩三年的時間，不僅得扶植本土廠商生產符合麥當勞規格的產品，同時還送了一批人到美國麥當勞總公司受訓。一九八四年一月二十八日，台灣首家麥當勞終於在民生東路開張。而麥當勞進來台灣後，對本土餐飲業的首項衝擊就在於其乾淨明亮、整潔衛生的店面。

過去台灣小吃店、餐廳和飯館的衛生清潔條件真的滿糟的，燈光灰灰暗暗的、地面髒髒的、桌面油油的、廁所臭臭的。此外，台灣天氣悶熱，但多數餐廳都沒冷氣，頂多擺個兩隻電風扇，用餐環境極不舒適。然而，自從麥當勞來到台灣之後，國人才發現，原來用餐環境可以如此乾淨明亮、整潔舒適。其後跟隨麥當勞腳步來台投資的西式速食店，包括肯德基、德州小騎士、溫蒂漢堡等，也都呈現同樣的店面規格標準。

傳統的中式餐飲店在外來軍團的強大壓力下，逐步改變。雖然文青每次都愛說，麥當勞是全球資本擴張的代表。但當初麥當勞若沒來台投資，傳統中式飲食店可能永遠也不會想改變吧？！麥當勞造成的另一項衝擊就是讓大家發現，原來食物的製程也如同工業製程，能夠被分工處理（泰勒化）、整個流程都能規約成完整的 SOP。

早期大家對於餐飲業的認識，就是認為老闆應該是能夠一手包辦店內全部餐點從頭到尾的製作流程。所以開豆漿、饅頭、包子店的老闆，不但要會磨豆漿，還要懂得揉麵、桿麵、包包子、蒸饅頭、烤燒餅、炸油條。但麥當勞卻將每項流程分割化、標準化，所有的食材也先由專業工廠或中央廚房處理好，麥當勞店員只需再將食材放入油鍋、煎盤或微波爐、烤箱內加熱即可，根本不需任何「廚藝」。而此種將食物製程切割的作法，立即成為國內業者仿效學習的方向。

面對西式速食業者的大軍進攻，國內餐飲業者也發展出帶有本土特色的山寨版中式速食，其中較為著名的應是「香雞城」和「三商巧福」。本土速食業者還滿神奇的：阿兜仔賣炸雞，我們就賣手扒雞；老外賣馬鈴薯做的薯條，我們就賣地瓜薯條。至於三商巧福則以中央廚房配送食材，讓各分店員工的工作簡化到只需要加熱、下麵條，同樣也不需任何廚藝。就當檯面上大型的速食業者相互廝殺搏鬥之時，被當時媒體稱之為另類的台式「小型速食業」則悄悄竄起，此即為日後徹底改變台灣早餐生態的「巨林美而美」。

話說巨林美而美的創辦人林坤炎，他原是南亞塑膠的員工，當初為了繳付房屋貸款，便和太太做起早餐生意，開著小發財車賣三明治。早期台灣的早餐店幾乎都以傳統豆漿店為主，因為西點麵包店未設有座位，所以大家只是進去買個麵包牛奶就離開，並不會留下慢慢享用早餐。

就當林坤炎的餐車生意漸漸熱絡後，他決定設立店面，因此在台北市八德路上開設了第一家美而美早餐店，販賣平價三明治、漢堡。美而美開張後，生意好到不行。除了價格實惠外，能悠哉坐在店內用餐也是項重要因素。此時必然有人會問，這和麥當勞有啥關係？

大家得知道一件事，過去台灣人根本不知道漢堡究竟是啥玩意。當山寨麥當樂出現與麥當勞進軍台灣後，吃漢堡可說是一九八〇年代最潮的事之一。現在的麥當勞可說是社區型的餐廳，一堆父母不知道該怎麼處理小孩時，就會帶小朋友去坐麥當勞。爸媽坐在座位上喝飲料看報紙雜誌滑手機，小朋友們就在遊戲區玩耍。國中生、高中生下課後會一起去麥當勞，吃東西喝飲料聊天。不過，麥當勞剛進台灣時，對許多人而言，麥當勞漢堡的價格還是稍稍貴了些。早期麥當勞甚至曾被當作父母幫小朋友慶生、犒賞小朋友的地方。換句話說，大家並不是隨時都有機會去吃麥當勞漢堡的（況且當時麥當勞的分店也不多）。此時巨林美而美的出現，就如同廉價版的台式麥當勞。價格便宜，而且又創造出新的早餐飲食型態，你說它能不受歡迎嗎？

就當巨林美而美爆紅後，許多朋友紛紛向林坤炎請教開設同類型早餐店的可能性與know-how，林坤炎便開始做起加盟的生意，傳授經營早餐店的技術，同時負責工廠與各加盟店間的物料配送與調度事宜。由於經營此種小型早餐店的門檻不高，七、八坪的店面，三、四個人手，自備約二十萬的加盟金，就能開始做生意，當時開設這樣的早餐店平均只需要三、四個月即能回本，所以一堆人紛紛投入早餐店的生意。

一九九二年時，全台開設的巨林美而美就已多達一千一百家。與此同時，市面上又出現了各式三明治漢堡的山寨早餐店，他們取的店名包括美好美、美又美、美衣美，反正就是各類「美X美」就是了。先前就說過，美而美早餐店之所以能如雨後春筍般不斷冒出，真的要歸功於麥當樂與麥當勞。麥當勞不只讓吃漢堡這件事變得時尚，也讓吃便宜漢堡這件事得以成真。

美而美早餐店的主力產品是漢堡與三明治，三明治用的是吐司麵包，漢堡用的是漢堡麵包。但過去台灣除了傳統的台式麵包和吐司麵包外，並沒有漢堡麵包這玩意。美而美早餐店要能廣為設立，前提就在於要能取得穩定的貨源。

要取得吐司麵包並不困難，台灣各大街小巷內的西點麵包店都會做，也有麵包工廠能提供。但能做漢堡麵包的卻少之又少，而且能大量機械化、標準化生產漢堡麵包的工廠幾乎沒有。不過，麥當勞在台成立後，同時也扶植了一些能生產漢堡麵包的工廠。當然，這些工廠除了供貨給麥當勞和其他速食業者外，必定希望能開創其他的市場銷路。所以，麥當勞創造台灣漢堡麵包的產能之時，也讓美而美無須擔心原料供應的問題，使其無後顧之憂。

美X美三明治早餐店於一九九〇年代後瘋狂湧現，雖有其特殊的時空背景，但這樣的時空背景卻無法解釋三明治早餐店日後得以屹立不搖的原因。其實，三明治早餐店得以制霸早餐界的原因在於：食品加工業的發展，以及變化多端、絕不墨守成規的菜單。餐飲業要增加效率和出餐速度的不二法門，就是各類成品、半成品的比例越高越好，而這就需要食品加工業的配合。

例如，三明治早餐店有個超級神奇的抹醬，那就是台式早餐店美乃滋。此種美乃滋呈現淡淡的黃色，專門用來塗抹三明治麵包和漢堡麵包。甜甜的滋味，完全不同於美國人吃的Mayo，或餐廳用來吃涼拌竹筍和龍蝦時使用的日式沙拉醬。台式早餐店美乃滋的原料包括沙拉油、砂糖、鹽巴、玉米粉等材料，但過去台灣並沒有什麼廠商專門生產此種特殊風味的美乃滋。早期早餐店老闆娘或工讀生，必須一大早就親自製作美乃滋。而且台灣的老闆都比較省，不捨得花錢買攪拌機（mixer），他們寧願叫工讀生以純手工慢慢打出沙拉醬。

鬼王我以前有位小學同學，她高中時念的是夜間部，白天就曾在早餐店打工，每天上班第一件事就是打沙拉醬。但她打工一個月後發現，每天打沙拉醬打到手臂都變粗了，所以決定辭職。如果早餐店連沙拉醬都得自己打，勢必會增加人力成本。但阿彌陀佛的是，隨著三明治早餐店日益拓展，食品廠也看到龐大的商機，因此有越來越多的廠商開始投入早餐食品的製作，甚至連台式早餐店美乃滋，也有廠商協力製作（據說連超市都能買到）。所以現在三明治早餐店只需向廠商叫貨，無須浪費時間製作一堆餐點，真的是萬福瑪麗亞。

食品加工業的發達，讓早餐店的經營更為簡單，跨入門檻更低，參與經營的小頭家也就更多了。當然，這又反饋為食品加工廠研發各類早餐食品的動力。講個最簡單的例子好了，蛋餅是現在所有三明治早餐店的必備菜單，光是蛋餅就有起司蛋餅、肉鬆蛋餅、薯餅蛋餅、鮪魚蛋餅、玉米蛋餅、培根蛋餅、豬排蛋餅、火腿蛋餅，充滿各種創意可能性。

但二、三十年前，多數美 X 美早餐店並沒有蛋餅這樣的餐點。在此之前，蛋餅是豆漿店賣的玩意，豆漿店老闆得會自己桿蛋餅皮，自己煎蔥油餅與蛋餅。雖然三明治早餐店有鐵板煎台，但卻沒有蛋餅皮，老闆也不可能有那種閒工夫去做蛋餅皮。直到有食品加工廠推出冷凍蛋餅皮後，美 X 美早餐店的菜單才開始推出蛋餅這樣的品項。換句話說，只要是任何易於加熱、烹調的加工食品，三明治早餐店都樂於嘗試。廠商也樂於將各類餐點製作成冷凍加工食品，方便早餐店使用。所以冷凍蛋餅皮出現後，接著又出現蘿蔔糕、鐵板麵，現在甚至連煎餃都有人在賣。

另外，早期的三明治早餐店基本的烹飪工具只有烤麵包機和煎台，所以他們能嘗試的食品種類就受到廚具的限制。但之後油炸鍋、微波爐和烤箱逐漸成為基本配備後，早餐店的菜單就不斷出現超前展開的狀態。光是油炸食品就包括雞塊、薯條、薯餅、雞柳條、雞米花和卡啦雞，與此同時，廠商則開發了「乳酪餅」和「抓餅」等過去台灣早餐史上從未出現過的玩意讓早餐店販賣。至於微波爐，除了是能用來迅速加熱漢堡麵包外，有的早餐店甚至會去 Costco 批米漢堡來賣。客人點米漢堡時，只需放入微波爐加熱四十至六十秒即能上桌。

台灣三明治早餐店神奇的地方不只是能持續推出新的品項，單一品項的口味也能無時無刻出現新的變化。早期鐵板麵是吃西餐鐵板牛排上的配料，但莫名其妙開始轉為早餐店內的餐點。而過去鐵板麵除了黑胡椒醬和蘑菇醬外，現在則陸續出現青醬、咖哩醬、照燒醬、沙茶醬和宮保醬，若哪天跑出滷豬腳醬口味，大家也不要太意外。

文青總愛說，鄉下的柑仔店和傳統小攤販充滿人情味，彷彿都市內的商家都是冷血動物一樣。但台灣三明治早餐店內的人情味，可說比正宗豚骨拉麵的湯頭還要濃郁。如果你認識早餐店老闆娘，老闆娘都非常樂意準備完全符合個人風格的 custom-made 客製化早餐。因此客人可以依據自己的興趣嗜好，搭配各種早餐組合。例如，點鐵板麵時，可要求配一片豬排肉；吃蘿蔔糕時，就能拜託老闆順便加個炒蛋進去，老闆就會幫你做份蘿蔔糕炒蛋。這樣充滿人情味的服務方式，哪裡還能找到！？

在食品加工業廠商的支持與協助下，台灣此種美X美式的早餐店的菜單也就越來越豐富。同樣的，由於獲取上游食品的管道越來越多，想加入投身早餐店經營的人從未少過。許多中南部居民都住在透天的樓仔屋，他們只需將一樓客廳與院子改裝一下，就能輕鬆開店。有些中南部的小城鎮，就有十幾間早餐店。在不需要店租的壓力下，他們做起生意可說是輕鬆愜意，因此對營業總額的要求也不會太高。

總的來說，台灣的美X美早餐店真的是神奇的發明。它的菜單多樣、口味豐富，甚至連傳統豆漿店的食品（蛋餅、包子、煎餃等）也逐步轉成早餐店的菜單項目。由於它兼容並蓄、博大精深的性格，使得它最後成為多數國人選擇用餐地點的首選，如今大家提到「早餐店」時，大家的認知也就是此種三明治漢堡早餐店。

美X美早餐店出現於特殊的一九八〇年代，經過大約三十年的洗禮，它已成為台灣獨尊早餐飲食的首選。日後這樣的早餐店是否會式微消失呢？鬼王我真覺得很難，因為它的產品可以不斷變化多端，配合不同階層與族群口味的需求。基本上任何能透過工廠大量生產的食品，都能納入早餐店的菜單內。它所展現的生命力，可能是多數文青咖啡館、文青餐廳負責人，永遠也無法想像的境界。

11

台灣咖啡產業之巴西很重要

11

這陣子咖啡很紅，網路上為了某家連鎖咖啡店的咖啡是否為純百分之百阿拉比卡豆的問題，雙方吵來吵去。既然咖啡很紅，此時又正值台灣咖啡豆的採收季節，而且一年一度的「台灣咖啡節」又將於下個月在雲林舉行，鬼王我就來和大家聊聊咖啡吧。雖說愛喝咖啡的人很多，知道台灣有種植咖啡樹的人必定不在少數，但清楚台灣咖啡產業發展史的人必定是少之又少。咖啡可以談的東西很多，但今天鬼王我先來聊聊巴西。

為何要討論巴西呢？因為巴西真的 TMD 重要，如果沒有巴西，日本也不可能於二十世紀明治末年、大正初年開展出咖啡文化，冒出這麼多咖啡館，推升咖啡於日本民眾日常之大眾化，如今日本也不可能躋身全球最大咖啡消費國的前三名。如果沒有日本將咖啡產業帶入台灣，台灣也不可能於日據時期就出現大規模的咖啡種植產業。同樣因為巴西因素影響，台灣的咖啡種植面積在一九四二、四三年達到了歷史性的高峰紀錄。

話說咖啡最早出現在東非伊索比亞高原，之後流傳至阿拉伯半島。從十五世紀起，咖啡開始流傳至歐洲。從十六世紀晚期開始，因為航海大發現與殖民主義的擴張，咖啡便透過荷蘭人的東印度公司傳至南美洲與亞洲，而日本人的第一杯咖啡就是荷蘭人給的。日本於江戶時期曾厲行鎖國政策，一六三三年頒布第一次鎖國令後，唯有荷蘭商人被允許在長崎出島進行貿易。由於鎖國政策限定了日本人與荷蘭商人接觸的機會，所以當時僅有日本官員、通譯等少數日本人，因為接觸洋人的關係而有機會品嚐到咖啡的滋味。

一八〇四年，日本著名文人、詩人大田南畝在他的著作《瓊浦又綴》（けいほゆうてつ）寫下

日本歷史上第一篇咖啡開箱文。當時大田南畝服務於長崎奉行所（如同地方政府），某次陪同長官在荷蘭船上會見俄羅斯特使雷扎諾夫（Nikolai Petrovich Rezanov）時，受邀飲用咖啡。大田南畝喝下咖啡後，覺得咖啡散發出一股燒焦的臭味與苦味，令人難以忍受。

雖然大田南畝對咖啡的初體驗打了個大叉叉，但人的口味是會變的，而且大田又不代表所有的日本人。自從明治維新後，日本人開始追求脫亞入歐、期盼全盤西化。他們希望在政治上、軍事上、經濟上與文化上均能仿效歐美列強，當時甚至有一派日本人還認為，一個民族是否強健與飲食習慣有莫大的關係。例如，二十世紀以前日本人並不吃家畜和家禽肉，只吃海鮮，主食則是以白米飯為主。但他們卻發現歐美國家人民吃的都是牛肉和麵包，身材體格可說是徹底輾壓矮小的日本人。因此，有些日本人認為，日本之所以積弱不振、難以和歐美列強相抗衡，就是兩千多年人只吃米和魚所造成的。這使得日本人得開始學習吃麵包、吃肉，才能與西方列強競爭。於是，明治維新展開之時，明治天皇還特別於明治五年（一八七二）在宮中的餐會上，主動吃起西餐、嚼起牛肉。更神奇的是，事後皇室還特別為此發布新聞，好讓日本百姓都知道天皇已開始吃牛肉了。雖然皇室詔告的內容不是告知日本百姓這裡有批牛肉好便宜，而是既然連天皇都親自吃牛肉，可見西方飲食還真的是個好東西。當然啦，既然西方飲食是個好東西，從歐洲傳入的咖啡必定也是個好東西。

日本人會將咖啡當成好東西也不是沒有道理的。從十八世紀法國大革命前，法國就有一堆思想家、哲學家喜歡泡咖啡館。例如，一六八六年開設的普蔻咖啡館（Le Procope），號稱是全巴黎第一家咖啡館，位於巴黎塞納河左岸的中心地帶。鬼王我還曾在這吃過油封鴨，但說真的，感大田南畝撰寫了日本史上第一篇咖啡開箱文。

十七世紀英國倫敦開始出現咖啡館。

普蔻咖啡館創始於 1686 年，號稱是全巴黎第一家咖啡館。

覺味道普普而已，可能是鬼王我舌頭異於常人吧。十七、十八世紀，包括伏爾泰、盧梭、狄德羅、雨果和巴爾扎克等人都是普蔻咖啡館的常客，而伏爾泰更是出名的重度咖啡癮患者，每天至少得酗掉三十杯咖啡。

由於這群啟蒙時代的網紅加名嘴都愛泡咖啡館、喝咖啡，所以無形中咖啡也就代表高雅的品味、深沉的智慧、清新的格調與脫俗的氣質。咖啡不再只是某種帶有咖啡因的黑色液體，它是能墊高檔次的玩意。喝咖啡也是附庸風雅的好手段，非常適合用來裝逼，提升你的逼格。就好比著名的奧地利詩人彼得．艾騰貝格（Peter Altenberg）曾寫下日後廣受咖啡迷們喜愛引用的詩句：

「我如果不在咖啡館，就是在前往咖啡館的路上。」

（When I'm not at the coffee house, I'm on the way to the coffee house.）

相信多數人看到這句話，一定會覺得好深沉、好浪漫、好詩意、好有畫面。但如果這句話改鬼王我寫成「我如果不在手搖杯店，就是在前往手搖杯店的路上」，許多網路健康魔人必定會馬上跳起來指責說，喝珍奶肥死人、含糖飲料是最可怕的健康凶手，然後鬼王我就被這群鍵盤正義魔人從鬼鞭成人了。

回到正題。歐洲的咖啡館聽起來很威很跩，但也僅僅是在巴黎、威尼斯、倫敦而已。日本人若要模仿歐洲人裝逼，也得要有人將歐洲咖啡館引進，才能提高日本人的逼格。直到一八八八年終於有位「鄭永慶」從歐洲回到日本後，在東京開設全日本第一家咖啡館——「可否茶館」（か

DISCUSSING THE WAR IN A PARIS CAFE.
SEE PAGE 304.

十八世紀咖啡館是巴黎重要的社交與公共討論空間。

11

ひさかん）。

大家看到「鄭永慶」三個字，一定會納悶：怎麼聽起來像是個中文姓名啊？沒錯，鄭永寧還真的擁有中國血統，還是鄭成功家族的後代。大家都知道，鄭成功的父親是鄭芝龍。若以明朝與清朝官方的說法，鄭芝龍是名海盜。但以現代詞彙來表述，鄭芝龍可說是活躍於日本、福建、台灣、澎湖、甚至是菲律賓海域的海賊王。

一六二三年時值十九歲的鄭芝龍因受雇於澳門的航海商人，協助壓船送貨至日本長崎平戶島。就在平戶島他認識了櫻花妹「田川氏」，同時娶了這位妹紙。田川氏後來生了兩兄弟，哥哥

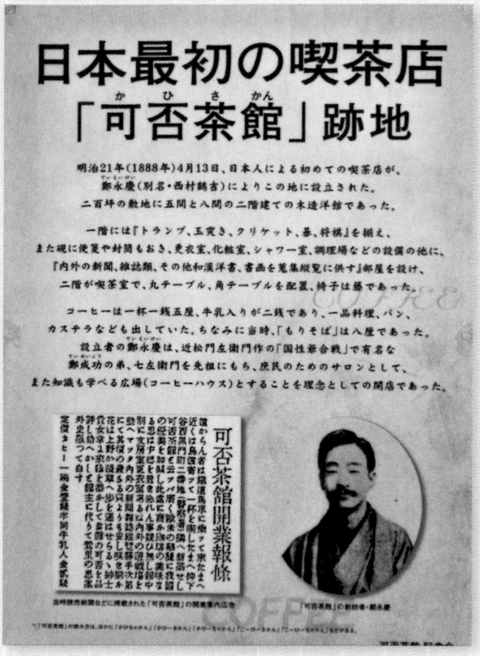
日本最初の喫茶店
「可否茶館」跡地
明治21年(1888年)4月13日、日本人による初めての喫茶店が、
鄭永慶(別名・西村鶴吉)によりこの地に設立された。
二百坪の敷地に五間と八間の二階建ての木造洋館であった。
一階には『トランプ、玉突き、クリケット、碁、将棋』を揃え、
また硯に便箋や封筒もおき、更衣室、化粧室、シャワー室、調理場などの設備の他に、
『内外の新聞、雑誌類、その他和漢洋書、書画を蒐集縦覧に供す』部屋を設け、
二階が喫茶室で、丸テーブル、角テーブルを配置、椅子は籐であった。
コーヒーは一杯一銭五厘、牛乳入りが二銭であり、一品料理、パン、
カステラなども出していた。ちなみに当時、「もりそば」は八厘であった。
設立者の鄭永慶は、近松門左衛門作の「国性爺合戦」で有名な
鄭成功の弟、七左衛門を先祖にもち、庶民のためのサロンとして、
また知識も学べる広場(コーヒーハウス)とすることを理念としての開店であった。
可否茶館開業報條
COFFEE

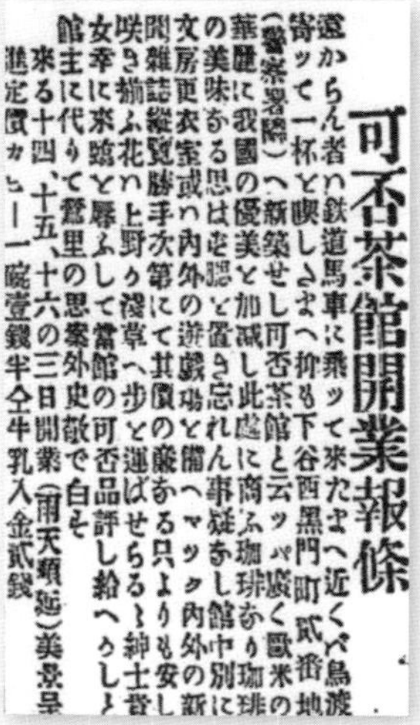
可否茶館開業報條

1888年開設的「可否茶館」是日本第一家咖啡店。但早期日本的「喫茶店」很難定義其屬性，基本上只要不是傳統的日本食物都能在喫茶店內販售，因此二十世紀初期南京麵（據說是日本拉麵的前身）剛出現在東京時就是在所謂的喫茶店內販售。

就是鄭成功，弟弟因為過繼給妻子娘家，所以名為田川次郎左衛門。不過，鄭成功才六歲就被爸爸接到福建故鄉，但媽媽和弟弟就一直留在日本發展了（講難聽點，母子就被遺棄在日本了，嗚嗚嗚）。田川次郎左衛門的後代一直都在長崎擔任翻譯的工作，而且他們也都改回原來的鄭姓。

但到第八代孫鄭永寧時，因為經歷黑船事件，他發現日本將會面臨天翻地覆的變化，只會中文、日文將無法應付新時代的變局。因此鄭永寧將小兒子鄭永慶送到美國耶魯大學深造，鄭永慶之後則又去了巴黎學習法文。

鄭永慶在海外求學期間發現歐美有咖啡館這玩意。文人與知識菁英都愛去咖啡館，待在咖啡館內不管是閱讀書報還是談天說地，都讓人感到輕鬆自在，這種氛圍讓他十分著迷。因此，鄭永慶回國後，即於一八八八年開設了「可否茶館」。可否茶館除了供應各種飲料與點心外，同時還放置大量的書籍報刊，鄭永慶就是希望將此打造為適合知識菁英與文化階層前往交流的文化空間。不過，鄭永慶顯然真的是只會讀書的文人，不是做生意、經營咖啡館的料。可否茶館的理想很豐滿，但營運卻很骨感，才沒幾年就虧損關門了。原以為可以在日本散播咖啡文化的種子，沒想到就這樣死翹翹了。但話說回來，即便可否茶館經營有成，但它走的仍是以知識階層、社會菁英為主要客群的路線。在那個國民義務教育尚未普及的年代，沒有點家底實在很難培育出所謂的社會菁英。這群人多半是地主階級出身，經濟實力本來就比一般死老百姓還優渥。顯而易見，上咖啡館當然不是多數所謂的低端人口能消費得起的休閒活動（當時根本還沒出現「中產階級」）。咖啡在日本猶如稀有奢侈品的存在，根本沒辦法推廣出去。至於日本咖啡的普及化與大眾化，就有待其後遠在南美洲巴西的協助了。

二〇一九年五月男星錦榮爆出與名模香月明美熱戀的新聞，但才不到五個月，兩人又因分手而登上媒體版面。算起來，香月明美來台發展已超過十年了，但她是在巴西出生的日本、巴西混血美女。或許長輩們不知道這位美艷女星的動態，但大家總聽過「安東尼奥．豬木」吧！三、四十年前台灣曾十分風行日本的摔跤，當時許多大叔、歐吉桑都喜愛租借日本摔跤錄影帶回家闔家觀賞。而最為人津津樂道的摔角選手就是豬木和馬場兩人。那豬木又和巴西有啥關係呢？原來豬木家於二次大戰後，因為家道中落而舉家移民巴西，全家都在咖啡園內當工人，直到十七歲才因日本職業摔角之父力道山的發掘，回到日本發展。除了豬木以外，著名的巴西足球明星內馬爾．達席爾瓦．桑托斯（Neymar da Silva Santos Júnior）也都被傳出是日本人的後裔。雖說經媒體求證後，否定了這項謠言。但明眼人也看得出來，香月明美、豬木與內馬爾的相關新聞已經清楚顯示，日本與巴西的關係可說是千絲萬縷。根據巴西的人口統計數據，二〇〇九年該國的日裔巴西人就多達一百六十萬人。為何巴西會有這麼多日本人呢？一切都是咖啡惹的禍啊！

一九四二年十月，哥倫布歷經千辛萬苦，終於發現美洲大陸。隨即自十六、十七世紀起，歐洲人在世界各地大肆擴張佔領殖民地。但佔領美洲時，當地的土著印地安人因為戰爭與傳染病幾乎都被滅絕了。雖說歐洲人表面上是為了宣揚基督教義，但如同哥倫布當初回報給西班牙王室的報告，他認為這裡原住民的文明雖落後，卻具備豐富的資源，極易佔領掠奪。換言之，殖民者骨子裡真正的目的仍舊是要拓展貿易、發展各種殖民產業。不過，不管是發展農業、出口農產品，還是挖掘礦產、鑄造銀幣，這一切都需要勞動力。但因南美洲原住民傷亡慘重，因此歐洲殖民者發展出極不人道的奴隸貿易，十六至十九世紀間，大批的非洲黑人被強行販售到美洲地區的礦場、甘蔗園與咖啡園，在非常惡劣的生活與工作條件下充當奴隸工人，這段期間光是被賣到巴西的黑奴就高達四百萬人。正是因為這群黑奴的悲慘命運，咖啡貿易才能在十七世紀後開始蓬勃發展，咖啡也能逐漸成為歐洲人日常生活的飲品。

但從十九世紀開始，因為人權主義因素，各國紛紛禁止奴隸貿易，中美與南美洲國家也開始廢除奴隸制度，一八八八年巴西終於成為南美洲最後一個廢除奴隸制度的國家。奴隸制度廢除固然是件是好事，但咖啡園老闆卻開始頭痛了：奴工沒了，誰還願意乖乖替莊園主好好工作？因此巴西決定開放鼓勵外國移民去巴西工作，以解決勞動力短缺的問題。用現代白話文來說就是，巴西政府決定找農業外勞、開放外籍移民工。

巴西面臨勞工不足的問題，但與此同時在遙遠東方的日本，卻面臨人口過剩的問題。話說十九世紀後半明治維新後，日本開始工業化發展，許多人紛紛從農村跑進都市內，希望找份好工作。由於都市人口越來越多，農村人口越來越少，日本出現糧食不足的問題。為了解決人口過剩問題，同時讓日本百姓有工可做、有錢可賺，日本便與巴西於一九〇七年簽訂合作條約，允許日本移民協助巴西發展咖啡產業，自此便開啟日本人到巴西咖啡園當農業工人的歷史。一九〇八年首批日本移民從神戶港出發，他們搭乘「笠戶丸」貨輪，途經南非好望角，最後抵達巴西。從此，每年都有數千位日本移民前往巴西打工。

就如同現在的外勞或外籍看護若要來台灣打工，必須透過仲介公司代辦，仲介公司必須負責外勞與看護的招攬、運送與管理等事務。當時日人移民巴西的代辦業務，則是由巴西政府授權「皇國殖民會社」負責，皇國殖民會社的老闆水野龍由於他出色的業務能力，深受巴西政府肯定。

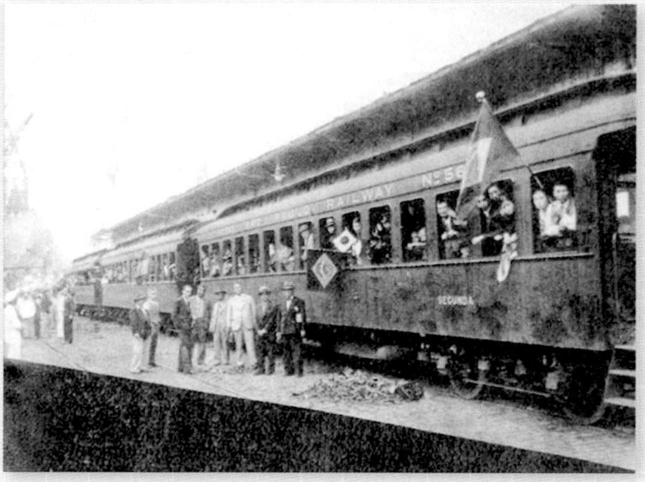

二十世紀初大批日本人前往巴西咖啡種植園充當農業外勞，這就是今天巴西有超過 100 萬日裔居民的原因。

不過，當初水野龍與巴西政府簽訂合約時，正因為當時國際咖啡市場價格低迷，因此巴西政府加了個附帶條件，要求水野龍協助巴西政府在日本推廣咖啡，以開拓海外市場。根據水野龍與巴西政府簽訂的合約，巴西政府將連續三年每年免費提供七千一百二十五袋咖啡豆給予水野龍帶回日本推廣（每袋七十公斤，總共約五百公噸），而水野龍也承諾在日本開設咖啡店。

免費獲得一堆不用錢的咖啡豆，聽起來就如同天上掉下的餡餅。但對水野龍來說，雖然喝咖啡很愜意，但要將一堆咖啡賣掉卻是件苦差事。首先，當時日本喝咖啡的人還不算多，雖然進口量看起來不多，才五百公噸，但五百公噸的咖啡卻是當時日本每年進口量的七倍。要如何在一夕間創造七倍的咖啡市場，這可能得請老高與小茉拜託外星人下來協助才行。其次，水野龍向日本政府申請「進口許可證明」時，居然還申請不到，水野龍只好去拜託自己在政界的好友大隈重信協助。大隈重信是明治與大正時代日本政界的大咖，曾擔任過第八與第十七任的內閣總理大臣，同時也是早稻田大學的創辦人。由他出面關切此事，聲量也比較大。但大隈重信用來遊說的理由也很可愛，他說：

「這些咖啡都是在巴西的日本移工栽種的，所以應該要當作『準國產品』，不是所謂的進口品。此外，大家喝咖啡就會帶動砂糖的消費。日本人多吃點糖，未來就會甜甜蜜蜜、幸福感提升啊。」

不知道是大隈重信的理由夠充分，還是因為他夠大咖，反正這批咖啡豆在他的關照下，最後終於順利進口日本了。

一九一一年水野龍就在銀座設立了全日本第一家連鎖咖啡店「聖保羅咖啡館」（Café Paulista）。由於水野龍的囤貨壓力太大，他得想辦法將這堆咖啡豆盡快賣掉，所以他打出了平價策略。當時每杯咖啡只要五仙錢，咖啡店內的甜甜圈也一樣的價錢，這可說是一般平民階層都還能喝的起價格，因此廣受歡迎。至於客人是否捨得花這個錢，就另當別論了。當時 Café Paulista 成為社會各階層都喜愛流連的場所，包括日本知名作家芥川龍之介、谷崎潤一郎都是常客。由於經營成效良好，其後 Café Paulista 咖啡館又在名古屋、神戶和橫須賀市開設了分店。

雖說當初巴西政府只允諾提供三年份的免費咖啡豆給日本，但實際上卻無償供應到一九二三年。換句話說，正因為擁有免費的原料供應，Café Paulista 才得以在日本各大都會區不斷展店，讓一般民眾能以便宜的花費就品嚐到咖啡的美好。此外，由於 Café Paulista 的名氣實在太大了，一九七八年約翰．藍儂和小野洋子還曾特地前往朝聖！因為巴西，日本才終於發展出自己的咖啡產業與咖啡館文化。接下來，日本人又將這一切帶入殖民地台灣。

一八九五年台灣割讓予日本。為了統治台灣，大批日本軍人、公教人員來到台灣。當然，這些人也將日本的生活習慣帶到台灣。根據文史工作者文可璽的研究，一八九七年九月當時的〈台灣日報〉曾出現咖啡館「西洋軒」的開幕廣告，這應該是台灣出現的第一家咖啡館。

不過，或許是西洋軒的經營不甚理想，所以一般人都未注意到此事，知道這家咖啡館的人也不多。多數人都認為，台灣第一家咖啡館應該是一九一二年開幕的「公園獅咖啡館」（カフェ・ライオン，Café Lion）。新公園現名為「二二八紀念公園」，它最早於一九〇八年落成，當時為了區別於一八九七年落成的圓山公園，所以被命名為「新公園」。據說當初新公園盛大落成後，卻都沒什麼人潮，搞得長官很沒面子，心情十分鬱卒。後來就有人建議，乾脆在新公園內開個咖啡館，賣些飲料餐點，吸引遊客，所以總督府便決定在新公園內開個咖啡館來吸引人氣。公園獅開幕當天，不但刻意找了上百位的藝妓擔任服務生，當晚還施放煙火，可說成功創造話題。更重要的是，公園獅的咖啡不算太貴，大家去新公園牽手散步遊憩談戀愛，還能進去室內坐下來，好好喝個飲料休息一下。

本來公園獅咖啡館設置的目的只是為要吸引遊客前往台北新公園旅遊的誘因，其實這樣的店並沒有什麼好討論的。但做為台灣第一家眾所皆知的咖啡館，它確實創造了時尚風潮，帶動其他咖啡店的設立。直至一九二八年，台北的咖啡店就已有二十二家。由於咖啡店變多了，台灣人也終於見識到歐美的咖啡館到底是什麼模樣，即所謂的文化公共空間又是什麼樣態。換句話說，它等於是讓大家長了見識，開了腦洞，同時也讓台灣人知道該如何仿效。

一九三一年由台灣人開設的第一家咖啡館「維特」於大稻埕開幕。維特的老闆是畫家楊三郎的哥哥楊承基，所以不難想見這家店與藝文界的關係。但之後維特因經營不善，經理與主廚因此另起爐灶，開設了「波麗路」（一九二四）與「山水亭」（一九三七），而其後又有「天馬茶房」（一九四一）的出現。這三間餐飲店會被認為是一九三〇、四〇年代台灣新文化運動發展的重要基地，他們所扮演的角色就如同於十八世紀推動法國啟蒙運動的塞納河左岸咖啡館。波麗路會提供畫展場地給台籍畫家，藝文界人士也喜歡去山水亭吃台菜料理，老闆王井泉也樂於提供場地舉辦音樂會。至於天馬茶房的老闆詹天馬則是位「辯士」，負責在電影院幫觀眾講解黑白默片的劇

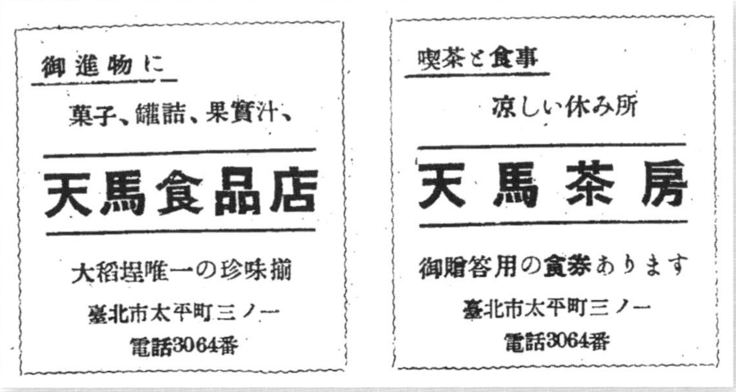
御進物に
菓子、罐詰、果實汁、
天馬食品店
大稻埕唯一の珍味揃
臺北市太平町三ノ一
電話3064番
喫茶と食事
涼しい休み所
天馬茶房
御贈答用の食券あります
臺北市太平町三ノ一
電話3064番

天馬茶房廣告。

孔雀
天馬茶房
テンマ
陳逸松法律事務所

臺北帝國大學醫學部學生於天馬茶房前留影。

情，天馬茶房自然會聚集了許多戲劇界人士。

前面已經說了，沒有人會莫名其妙跑到海外去統治和自身毫不相干的人。殖民的目的真的不是要做功德，它絕對有經濟與戰略的考量。就當日人將咖啡館引進台灣時，日本殖民政府也同時著手研究台灣有哪些可開發的經濟資源，未來台灣是否具備發展其他產業的可能性。

一八九六年，台灣總督府民政局殖產部開始針對台灣過去咖啡栽種的情況進行調查，同時還準備陸續收集墨西哥咖啡園的資料，看看台灣是否也適合發展咖啡產業。其實墨西哥的咖啡產業非常小，根本不配用來當作參考對象。總督府之所以參考墨西哥案例，只是因為當時美國已有企業進入墨西哥投資咖啡園，而一八九七年日本也有三十五位外勞前往墨西哥 Chiapas 的咖啡園打工，所以總督府會以墨西哥作為潛在的比較對象。一九〇二年總督府開始在東部、嘉義、雲林等處試驗種植咖啡，包括阿拉比卡（Arabica）、羅布斯塔（Robusta）和利伯利卡（Liberica）等三大品種咖啡均已被引進試種。一九二九年，總督府殖產局甚至出版殖產局技師櫻井芳次郎的著作《珈琲》一書，內容詳細介紹咖啡的歷史、栽培方法、品種與成分等，可以說是東亞第一本關於咖啡的植物學專書。

不過，整個一九一〇、二〇年代期間，咖啡種植主要還是停留在官方農業研究與改良單位的試驗種植階段，並未進入大規模的商業化生產，所以當時也沒啥企業願意進行大規模的投資。直至一九三〇年代起，圖南產業株式會社才開始大規模種植咖啡。為何要等到一九三〇年代起才有企業界願意投入咖啡產業？探究後我們才發現，原因讓人很意外、也很搞笑。只因為先前的投資項目嚴重虧損、決定收攤。後來改種油桐，而油桐樹下又能同時種咖啡，所以台灣才出現咖啡產業。

其實殖民統治和做生意沒啥太大區別。當你擁有一個東區忠孝東路四段的精華店面，必定會發現，不管是開服飾店、開餐廳、足底按摩，甚或是開夾娃娃機店，可以做的生意很多。就算你要拿來作為神秘新興宗教的聚會道館，也沒人能干涉，到頭來只是投資收益的問題。同樣的，總督府的角色只能是站在研究調查與建議的立場，說明台灣的山林地可以如何開發，它可能是種咖啡，也可能是種植柑橘類作物。即便台灣適合種咖啡，並不代表台灣咖啡就有能力和巴西咖啡競爭。當初日人統治台灣初期即發現，台灣有非常豐富的山林資源，其中又以竹林為最。由於日本進入工業化後，對進口紙漿的需求大增，但洋紙的生產又需要進口大量的木材原料，因此總督府希望能研究發展竹材造紙產業。

一九〇八年，「合資會社三菱製紙所」在總督府的協助下，將現今的南投竹山與雲林古坑山區都納為其原料生產區，開始研製竹林紙的製造與生產，並將公司「台灣三菱製紙所」設於雲林的林內鄉。一九一〇年，原料區的範圍又擴張至現今的嘉義與南投山區，整個原料區的面積約一萬五千甲。不過，雖然竹林紙造出來了，品質也受市場肯定，但成本實在太高。從一九一一年到一九一六年這段期間，台灣三菱製紙所可以說是連年虧損，虧損總額為五十五點六萬日圓，最後不得已只好草草收場。

雖然三菱製紙株式會社放棄竹林造紙大業，但公司資產還在。所以重新整理後，三菱製紙株式會社於一九三二年另外設立「圖南產業合資會社」（其後改為「圖南產業株式會社」），繼承三菱竹林事務所的業務和資產。新成立的圖南產業株式會社當然不可能傻到走回頭路，繼續搞竹林造紙。這次他們決定改種油桐樹，同時搭配咖啡生產。

油桐樹可說是非常棒的經濟作物。油桐樹的果實油桐果，含油量非常高。油桐果榨出來的「桐油」，具有耐熱、耐酸、耐鹼、防腐、防鏽等特性，可以用來製造油漆。包括飛機、船艦、槍砲等軍事武器，都需用桐油加以保護、保養，以防鏽蝕。換句話說，油桐樹可說是非常重要的軍需物資。既然油桐樹是非常重要的軍需物資，而日本從甲午戰爭後就逐步走向軍國主義的道路，持續擴張軍備，所以圖南產業株式會社選擇油桐樹，等於是配合日本殖民母國的國家政策需求，可說是合情合理。然而，不得不承認的是，搭配咖啡與油桐共同種植，還真是非常聰明的作法。

咖啡適合生長於熱帶與亞熱帶地區，但咖啡樹屬半日照植物，無法忍受過量的陽光。因此咖啡種植必須搭配高大多葉的樹種，協助其遮陰。油桐樹可說非常高大，株高可達十公尺以上。咖啡種在油桐樹下，兩者不但能搭配得宜，同時還能創造另一項經濟收入。因此從一九三〇年代開始，雲林、嘉義、南投便大規模種起油桐與咖啡。

若從總督府相關的咖啡統計數據來看，直到一九三七年前基本上並沒有任何確切的數字可供參考。這部分的原因不難理解。先前一九一〇、二〇年代，咖啡栽種只停留在研究調查與試驗階段，距離商業化與產業化還差了十萬八千里。

一九三二年圖南產業株式會社成立，考量到咖啡種植從種苗植入到能夠穩定收成，至少要四、五年以上的時間，所以從一九三七年起才有相關數據可供參考，這部分也就合情合理了。值得注意的是，一九四二、四三年咖啡種植面積急速擴張，增加到九百六十七點四三公頃。或許不明就裡的人會以為，這代表咖啡人口增加、咖啡市場看好，因此帶動了台灣咖啡產業的發展。然而，實際的根本原因其實就如同我們先前一直強調的——巴西很重要！

一九四二年巴西決定加入以英、美、法為首的同盟國，並向德國宣戰，同時派遣遠征軍前往歐洲，偕同美軍從義大利登陸。巴西參戰馬上就與作為軸心國的日本變成「敵對國家」，而當時大戰期間日本曾規定，不准進口敵國物資。換言之，日本不能再進口巴西咖啡！正因為如此，只能寄望台灣能儘速擴大生產，所以才出現一九四二、四三年咖啡種植面積急速擴張的特殊榮景。不過，一九四四年起日本逐漸露出敗相跡象。因為徵兵動員的結果，導致農業勞動力缺乏。此外，化肥也出現嚴重的短缺。所以，不只是咖啡，包括稻米、甘蔗等農作物的生產都出現大幅衰退的狀況。

看，直到大戰結束前，巴西對台灣咖啡產業的發展已發生了正向的效果。因為巴西，所以日本才能出現大眾化的咖啡館文化，進而引進台灣。當日本人從一九三〇年代起發展台灣本土的咖啡栽植產業，也因為巴西意外宣戰，而導致日本本地進口巴西咖啡豆遭到阻擾，台灣咖啡地栽植面積直到一九四〇年代才出現大幅擴張的狀況。常言道，成也蕭何、敗也蕭何。在咖啡這件事上，同樣也是成也巴西、敗也巴西。戰後巴西的影響力開始由正轉負，成為壓垮台灣早已大幅萎縮的咖啡種植業的最後一根稻草。

戰後國民政府接收圖南產業株式會社，並將其改組為「雲林經濟農場」。日據時期，圖南產業株式會社算是私人公司，但到了戰後就變成隸屬於台灣省政府的公營事業單位了。

雖然圖南產業株式會社的接收與改組工作，早在一九四五年底就已完成，但一九四五至一九五〇年代初期，基本上整個台灣還是處於相對混亂的狀態，一九四九年起政府又將農業施政中心放在土地改革，根本無暇顧及雲林經濟農場，因此經濟農場幾乎是處於荒廢的狀態。咖啡栽培面積從一九四二年全盛時期的九百六十七點四三公頃，一路下滑到一九五一年的七點四公頃。

一九五〇年韓戰爆發，美援開始湧入台灣，農復會從此開展各項農業政策與計畫。如同日本人當初來台的狀況，當時農復會也注意到台灣有許多可開發的山林資源。一九五二年初，農復會主委蔣夢麟特地南下雲林視察，發現雲林經濟農場過去就種有油桐樹與咖啡樹。同年八月，農復會又派技正歐世璜前往視察油桐與咖啡林的狀況。

戰後經濟復甦，國際市場咖啡價格一直處於上漲的狀態，因此農復會亟欲發展台灣的咖啡產業，外銷出口賺取外匯。但農復會的美援經費都來自於美國，台灣若想發展咖啡產業，相關計畫開支都還需要美國老大哥的同意才行。於是，一九五四年農復會特地邀請日裔美籍專家後藤安雄來台考察。後藤是研究咖啡的專家，他參觀台灣各地的咖啡園後認為，台灣的地形氣候很類似夏威夷，適合種植咖啡。後藤也強調，「如能設法打開市場」，是很值得提倡推廣。

雖然後藤的說法很委婉，但講得也很直白了。台灣的地理環境氣候適合種植咖啡，但顧慮到台灣的農業生產型態與技術，台灣咖啡在國際上實在毫無競爭力可言。這就和我們身邊總有幾個親朋好友歌唱得確實不賴，在KTV或直播平台上當個一日歌王絕對綽綽有餘。但碰上真正懂音樂、理解業餘愛好者和PRO級歌手差別的人，馬上就聽得出職業歌手與素人之間的差異。不過，當官的除了愛報佳音外，話也都習慣挑好的聽。大家都裝沒聽到後藤安雄的警語，只知道後藤表示台灣適合種咖啡。此時農委會像是吃了顆定心丸，一九五五年農復會即向媒體釋放消息表示，將在雲林建造一座新型的咖啡加工廠。農復會更在一九五六年派遣當時在嘉義試驗所任職的朱慶國前往夏威夷考察，學習咖啡的相關專業知識與技術。

農復會關於咖啡工廠的計畫終於在一九五七年初定案。除了逐漸推廣種植面積外，農復會也確定將在雲林設立一所以新式設備大量生產咖啡豆的加工廠。此外，這次農復會的手筆還不小，感覺上充滿了雄心大略，預計將耗費二萬八千美元從美國購置一套完整的咖啡加工機械，分別處理包括脫皮、發酵、浸水、洗滌、乾燥、脫肉、脫毛、焙製、冷卻、碾粉等工序。與此同時，雲林經濟農場也接獲通知確認，未來將發展咖啡產業，經濟農場則委任黎維槍成立「咖啡小組」，負責咖啡工廠的設立。

不過，雖然計畫已擬定，機器也開始採購，但卻為了廠址問題，咖啡工廠的事情因此耽擱。直到八月新任的陳連茂場長到任後，咖啡工廠的建廠才有了眉目。一九五八年十月二十三日上午十點，「雲縣經濟農場咖啡工廠」終於在斗六鎮三平里原鳳梨工廠舊址舉行破土典禮。此處就是現今斗六市雲林路和民生路口，審計室第二辦公室所在地。廠址佔地共五百四十平方公尺（約一百六十四坪），全部建築費為新台幣二百四十六萬元，其中三分之二由農復會補助，三分之一由經濟農場自行負擔，該項工程係由中國石油公司工務部代為設計，部分機器由則台灣機械公司承製。

咖啡工廠光是廠房搭建就花了好幾月，其後機器組裝又花掉半年時間。神奇的是，要組裝的是處理咖啡豆的機器，但負責的卻是中國石油公司工務部一位潘工程師。這整組機器包括脫皮機、發酵槽、攪拌機、脫殼機、脫膜機、分級機、烘焙機、磨粉機與包裝機等，全都從國外原裝進口。但潘工程師不但全都沒看過，自己連咖啡也沒喝過。他只能照著操作手冊自己摸索拼裝搭建，所以整組弄好也花了半年。

當初咖啡工廠蓋好時，可說是風光一時。烘焙機一次能烘二百磅咖啡豆，號稱是遠東最大的烘焙機，曾被列為長官與外賓參訪的必看景點之一。工廠蓋好後，咖啡豆烘焙的任務便交由才剛進去工作沒多久的陳守宜。但這位陳先生就如同當時百分之九十九的台灣人一樣，對咖啡根本毫無概念，連簡易的小型手搖式咖啡烘焙機見也都沒見過，遑論摸過。機器組裝完成後，潘工程師只丟給他一張簡單的說明書，指示機器的操作方式。但咖啡豆究竟該怎麼烘，潘工程師自己也處於茫然無知的狀態，當然更不親自操作示範。陳守宜只好自己暗自摸索，土法煉鋼！

一九六〇年三月咖啡工廠正式開工。咖啡工廠最早是以玻璃瓶罐裝盛研磨咖啡，產品主要是賣到台北和斗六車站附近的店家。但後來發現玻璃罐易碎，之後便改成馬口鐵罐頭。罐頭的好處是堅固耐用，而且以真空裝罐，保存期限可長達 年以上。與此同時，農復會與經濟農場推動的咖啡栽植計畫也開花結果。一九五九年全台的咖啡收穫量達到十一點四萬公斤，一九六二年則為

除了巴西之外，二十世紀初期重要的日本農業外勞移居地是夏威夷。1868-1924 年間，前往夏威夷甘蔗園工作的日本人超過 14 萬名。許多日本外勞與甘蔗園的合約到期後，都紛紛留在夏威夷，繼續前往咖啡莊園打工，或從事與咖啡相關的事業（如貿易）。此圖為 1925 年日本移民內田大作先生在夏威夷購置的咖啡莊園內所搭建的咖啡工廠，如今已成為夏威夷咖啡史的歷史建築，開放給遊客參觀。

台北市西門町成都路上的南美咖啡在台灣咖啡業界是響叮噹的老字號。1960-80 年代西門町是台北最重要的戲院聚集地，許多年輕男女都前往約會逛街看電影。而南美咖啡最早主要吸引的顧客群就是那些已買好電影票、等待進場前卻不知要幹啥的年輕情侶，此時在南美咖啡門口享受短暫的咖啡時光就成為當時的最佳選擇。

十五點五萬公斤，可說是戰後最高的生產紀錄。一九六四年時，咖啡工廠甚至還選拔了咖啡小姐，作為推銷台灣咖啡的代言人。

雖然一切看起來都很美好，但好景不常，其實從一九五〇年代晚期開始，國際咖啡市場價格就逐步走跌。因此，原先農復會一心期盼咖啡出口賺取外匯的夢想也因而破滅。其次，當時咖啡工廠的產量並不高，一方面是因為出口受阻，而且台灣咖啡市場不大；另一方面，當時最大的客戶是台北的「南美咖啡」店，他們購買的是咖啡生豆，而不是已處理過的烘焙豆或研磨咖啡，所以咖啡工廠一年開工的次數並沒有幾天。最後，由於咖啡出口無望，農復會於咖啡工廠蓋完後，隔年度就不再提供任何經費補助，雲林經濟農場也就處於慘淡經營的狀況。雖然斗六咖啡工廠烘焙咖啡豆的業務停擺，但雲林經濟農場的咖啡種植業務並沒有停擺，國內還是會有些咖啡業者前來收購生豆，所以依舊維持小面積栽種。

不過，一九六七年政府希望加強與南美洲國家間的關係，並決定透過咖啡貿易的方式強化雙方的互動交流。當時政府就找了「南美咖啡」出來充當買主，總共從巴西進口了三百七十五袋咖啡豆（咖啡生豆通常以麻布袋裝填，每袋約六十至七十公斤）。而其中有二百五十袋的咖啡豆，巴西還特別給了百分之五十的折扣優惠。由於這是戰後首次由巴西進口咖啡豆，可謂意義非凡，巴西政府咖啡署駐遠東區主任還為了此事飛來台北協助。為了進一步促進台灣與南美洲國家的外交關係，政府還於一九六八年時，主動將咖啡進口關稅從百分之一百二十調降為百分之六十。當時巴西政府為了推廣咖啡，甚至在台灣設立「巴西利亞咖啡公司」。其後在一九七二年，哥倫比亞政府也在台北中山北路設立一個商務貿易推廣中心。有趣的是，這間貿易推廣中心共有兩個樓層，二樓為辦公室，一樓則設計成一座大型咖啡廳，裡面供應高品質的哥倫比亞精品咖啡，讓前來的外賓可直接在一樓洽商。

自從咖啡關稅大幅調降後，根據當時媒體記者的觀察，相較於早期充斥鶯鶯燕燕、帶有情色成分的咖啡廳，所謂的「純咖啡館」增加了不少。此外，市面上的咖啡產品馬上變多了，不管是研磨咖啡、即溶咖啡、烘焙豆，甚至連某些咖啡店都自製三合一咖啡出售。

咖啡關稅調降雖對台灣的咖啡文化發展是件好事，但對斗六咖啡工廠卻如同最後的重擊。由於幾乎已毫無市場性可言，咖啡工廠也就在一九七〇年正式停工，當初曾風光一時的烘焙機器從此閒置。台灣咖啡栽植產業的復興，則是三十年後，因為九二一災後重建，雲林古坑鄉率先以台灣咖啡作為行銷主軸之後的事了。

12

咖啡的鶯鶯燕燕與高雅逼格

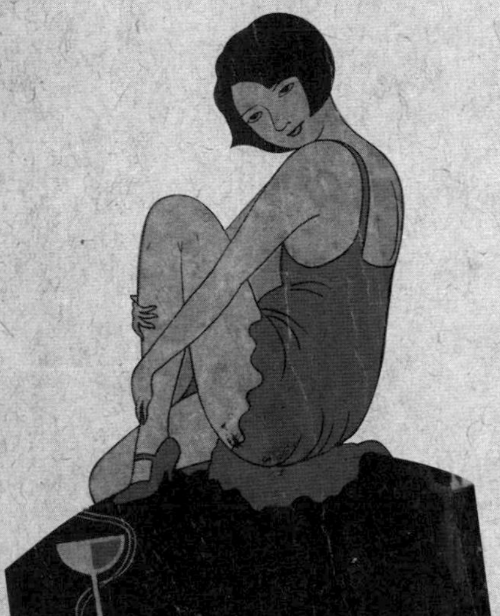

12

日本是個很神奇的民族，整天鞠躬哈腰，表面上看起來彬彬有禮，但卻創造出全世界最大、最發達與最先進的AV產業。許多在別的國家看似毫無特色的正經生意，卻能被日本搞成風俗業。大家都知道，男人上酒店可以叫小姐陪酒，去舞廳可以找舞小姐陪舞，唱KTV可以叫傳播妹來陪唱陪嗨。但即便是充滿文藝性與哲學性的咖啡館，日本人都可以搞成連喝咖啡也能叫上小姐坐檯的型態。透過喝咖啡產生人與人的連結的經營模式，同樣也在日本殖民時期被帶入台灣。即便二次大戰結束日人離台後，它仍深深影響台灣產業發展長達數十年的時間。

咖啡館究竟要賣什麼樣的飲料與食物？除了必定有賣咖啡以外，其他要賣啥並沒有個定數。現今有些咖啡館只提供飲料與簡單的輕食，但有些咖啡館則有簡餐，鬼王我自己愛去的咖啡廳內連小火鍋和水餃都能吃到。同樣的，當一百多年前咖啡館引進至日本與台灣時，也不可能就將歐洲的模式照單全收。移植到東方的咖啡館不僅要配合在地化的脈絡，更重要的是，有時還會創造出另類的樣態。雖然咖啡館一開始販賣的是優雅的氣質，但在日本、台灣則又冒出了與其迥異的「情色咖啡館」。

話說一八八八年開設的「可否茶館」是日本第一家咖啡館，但細心的讀者應該不能發現，店名用的是「茶館」，不是「咖啡館」。為何用「茶館」一詞呢？其實不難理解。因為咖啡館（Café）是歐洲的產物，日本根本沒有這玩意，也沒有這樣的詞彙。若用茶館作為店名，一般人可能還比較能理解，至少知道這是可以坐下來喝飲料吃點心的地方，所以後來日本許多咖啡館採用的名稱都是「喫茶店」。

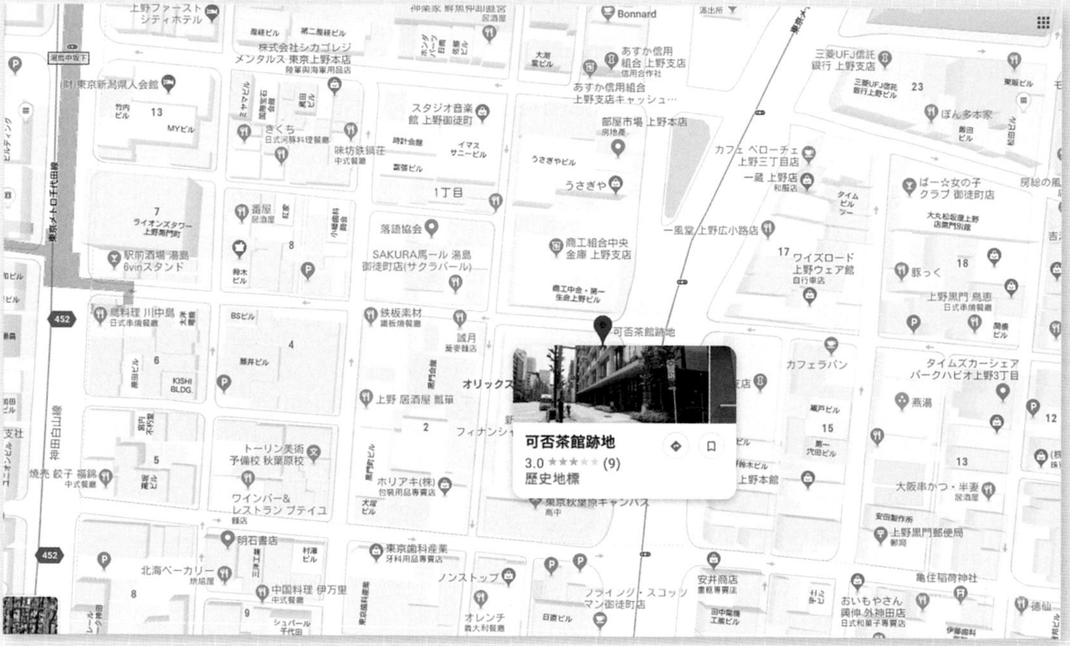

「可否茶館」位於東京上野區，當初原來是棟木造的兩層樓洋房，如今原址設有不鏽鋼材質的紀念碑，上面註明「可否茶館跡地」。

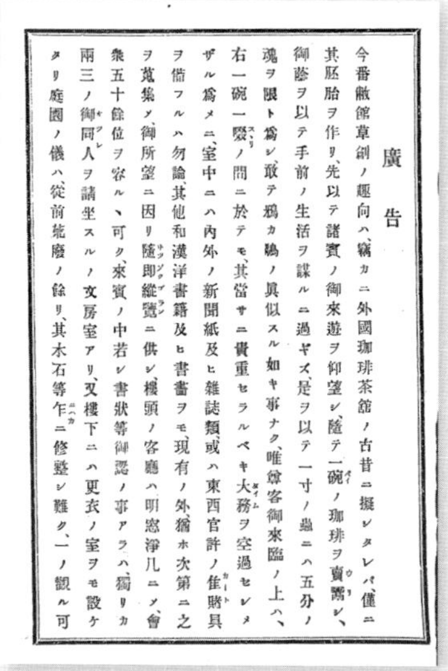

廣告

今番敝館草創ノ趣向ハ、竊カニ外國珈琲茶館ノ古昔ニ擬シタレバ、僅ニ其胚胎ヲ作リ、先以テ諸賓ノ御來遊ヲ仰望シ、隨テ一碗ノ珈琲ヲ賣鬻シ、御蔭ヲ以テ手前ノ生活ヲ謀ルニ過ギズ、是ヲ以テ一寸ノ蟲ニハ五分ノ魂ヲ限ト爲シ、敢テ鴉カ鵜ノ眞似スル如キ事ナク、唯偉客御來臨ノ上ハ、右一碗一啜ノ間ニ於テモ、其當サニ貴重セラルベキ大務ヲ空過セシメザル爲メニ、室中ニハ内外ノ新聞紙及ヒ雜誌類、或ハ東西官許ノ佳賭具ヲ備フルハ勿論、其他和漢洋書籍及ヒ書畵ヲモ、現有ノ外、猶ホ次第ニ之ヲ蒐集メ、御所望ニ因リ隨即縦覽ニ供シ、樓頭ノ客廳ハ明窓淨几ニメ、會衆五十餘位ヲ容ル、可ク、來賓ノ中若シ書狀等御認ノ事アラハ、獨リカ兩三ノ御同人ヲ請坐スルノ文房室アリ、又樓下ニハ更衣ノ室ヲモ設ケタリ庭園ノ儀ハ、從前荒廢ノ餘リ、其木石等乍ニ修整シ難ク、一ノ觀ル可

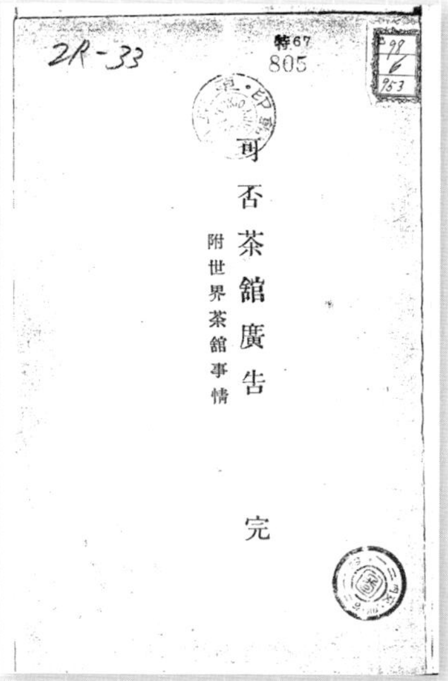

2R-33
特67
805

可否茶館廣告
附世界茶館事情
完

可否茶館的開幕廣告強調其為充滿異國風情的場所，而且「生命也將能於咖啡杯內開啟，遨遊飛翔」，看來創辦人鄭永慶還真是一枚 360 度全方位的文青。

雖然喫茶店提供的餐飲已向日所推崇的西化飲食邁進了一大步，但有些店卻希望以更濃郁的歐式風格來區隔傳統的喫茶店，因此店名則直接將用 Café 一詞，或直譯為「カフェ」。但除了在店名與裝潢上做文章以外，有些咖啡館甚至會提供酒精飲料。此外，大家都知道，日本人一直是全世界最擅長創造各種詭異神妙之情色活動的民族，某些咖啡館還會聘用漂亮的服務生妹妹，當客人來喝咖啡時，服務生就會坐下來陪著一起喝咖啡、聊是非。從事此類工作的女性，被稱為「女給」。簡單來說，這就是有小姐坐檯的情色咖啡館。

情色咖啡館在日本本土發展出來後，當然也順理成章地飄洋過海來到台灣。一九三四年台北著名的咖啡館就超過三十家，其中較為著名的包括「紅雀」、「銀鳥」、「美人」、「悅女綺女」、「紅蘭美人座」、「牡丹」等。稍有概念的人也知道，這些店名聽起來就不像是正常的文青咖啡店會取的名字。醉翁之意不在酒，去這些咖啡館的男人，真正的目的也不是品嚐咖啡。

男人去情色咖啡館當然是尋求片刻的風花雪月，希望在與女給的互動中找到戀愛的感覺。基本上女給是賣笑不賣身的，頂多就是陪坐在身旁，陪客人喝咖啡聊天，或許會有些若有似無的肢體接觸，但也就點到為止。女給的收入來源有可能是店家給予的底薪，但更多應該是客人消費的抽成。此外，客人為了追求女給，有時也會送些禮物。當然，這都要看女給自己本身的手腕。至於客人是否會與女給發生性關係，這都是場外交易的問題，並非女給原先的工作範圍。

鬼王我在此必須順帶一提的是，近年來許多人想要幫「女給」翻案，強調女給是一種特殊的存在，部分有女給的咖啡店還是「文人的高級社交場合」，重新「浪漫化」女給的角色。這些人總愛強調，女給不是娼妓，她們並不販賣肉體。女給標榜的是「追求自己的戀愛，追求男女平等。把自己包裝得摩登，與過去畫分」。所以，「女給販賣的，是一個關於自由戀愛的意淫感受，陪客人聊天，甚至吟詩作對」，她們是特殊時代脈絡下的特殊產物，如果把他們當成戰後的酒店、摸摸茶的前身，就無法理解這種特殊的存在。

鬼王我想強調的是，這群人顯然根本沒有搞懂「合法娼妓」和「女陪侍」的差異，前者可進行合法性交易，這樣的人不管是戰前或戰後都存在，也就是俗稱的「公娼」（直到阿扁廢娼才取消）。然而，不管是日據時代咖啡館的女給，或是當時料理亭或茶室的女陪侍，都不能違法進行性交易，她們也同樣販賣著曖昧的感受。同樣的，戰後存在於酒店、舞廳、咖啡館、茶室內的小

12

有些日據時代的報刊會將情色咖啡館內的女給視為明星，刊登照片並採訪介紹。

12

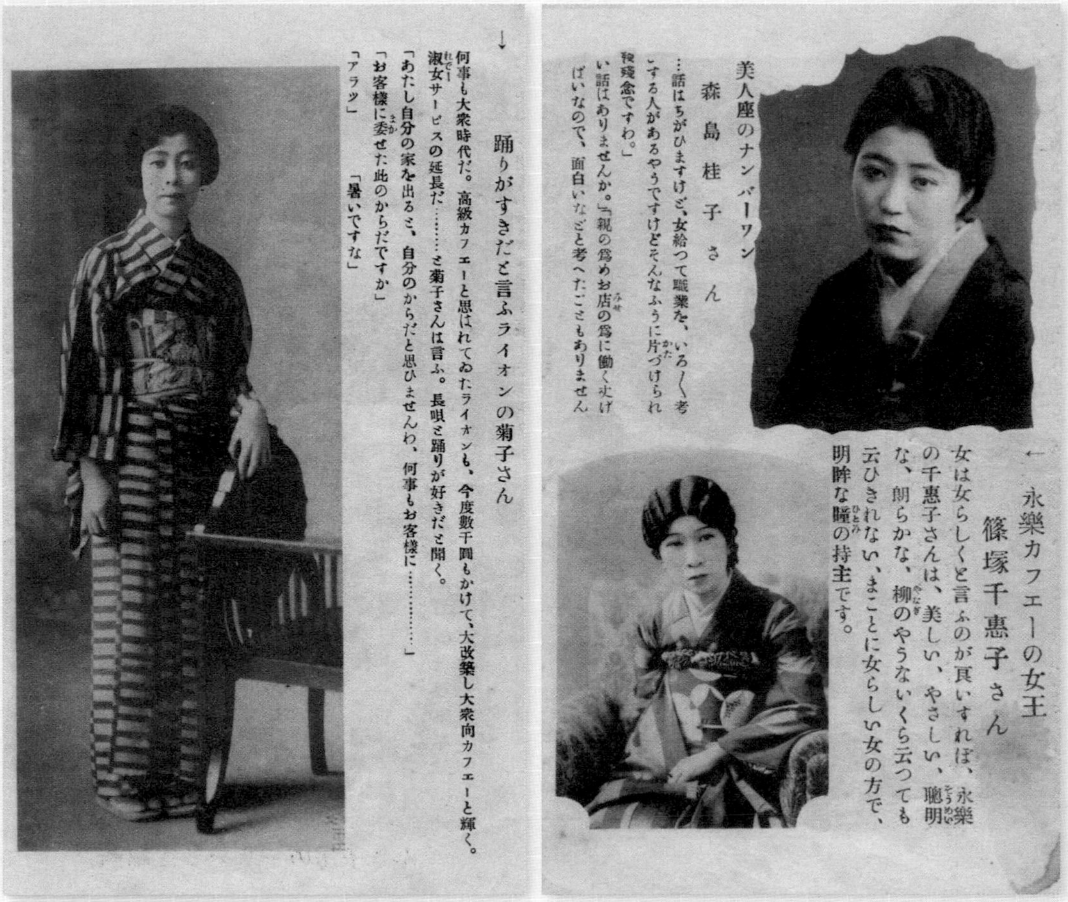

美人座のナンバーワン
森島桂子さん
…話はちがひますけど、女給つて職業を、いろ〳〵考こする人があるやうですけどそんなふうに片づけられ秘殘念ですわ。」
い話はありませんか。」「親の爲めお店の爲に働く丈けばいいなので、面白いなごと考へたこともありません

←永樂カフェーの女王
篠塚千惠子さん
女は女らしくと言ふのが眞いすれば、永樂の千惠子さんは、美しい、やさしい、聰明な、朗らかな、柳のやうないくら云つても云ひきれない、まことに女らしい女の方で、明眸な瞳の持主です。

→
踊りがすきだと言ふライオンの菊子さん
何事も大衆時代だ。高級カフェーと思はれてゐたライオンも、今度數千圓もかけて、大改築し大衆向カフェーと輝く。淑女サービスの延長だ……と菊子さんは言ふ。長唄と踊りが好きだと聞く。
「あたし自分の家を出ると、自分のからだと思ひませんわ、何事もお客様に…………」
「お客様に委せた此のからだですか」
「アラッ」　「暑いですな」

「美人座咖啡」第一紅牌女給森島桂子（右上）認為女性參與服務業沒什麼大不了；「永樂咖啡」女王筱塚千惠子（右下）被譽為女人中的女人，不僅美麗、善良、聰明，並擁有漂亮的雙眸；「公園獅咖啡」菊子（左）則喜歡唱歌和跳舞。

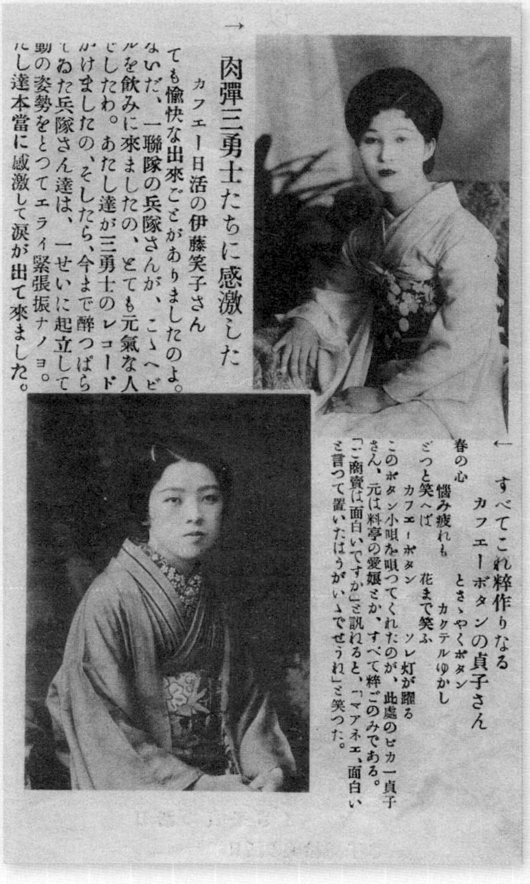

→ 肉彈三勇士たちに感激した

カフヱー日活の伊藤笑子さん

ても愉快な出來ごとがありましたのよ。
ないだ、一聯隊の兵隊さんが、こゝへビ
ルを飲みに來ましたの、とても元氣な人
じしたわ。あたし達が三勇士のレコード
かけましたの、そしたら、今まで醉つぱら
てゐた兵隊さん達は、一せいに起立して
動の姿勢をとつてエラィ緊張振ナノヨ。
たし達本當に感激して涙が出て來ました。

← すべてこれ粋作りなる
カフヱーボタンの貞子さん

春の心　惱み疲れも　とさゝやくボタン
ごつと笑へば　花まで笑ふ　カクテルゆかし
カフヱーボタン　ソレ灯が躍る

このボタン小唄を唄つてくれたのが、此處のピカ一貞子さん、元は料亭の愛娘さか、すべて粋ごのみである。「ご商賣は面白いですか」さ訊れると、「マアネヱ、面白いさ言つて置いたはうがいゝでせうれ」さ笑つた。

ライオン華やかなりし頃の淑やかな優姿（記事參照）

向つて右から
雪子さん
マネージヤ　森田君
絹子さん
光子さん
花子さん
美代子さん
小夜子さん
鈴子さん

現在何れもよき母であり マダムである。一部には薄命に泣く美人もあるが、本人の爲め愛人の爲め列記せず。

右：當年公園獅咖啡內的景致。

左：除了介紹女給之外，女給也會閒聊自己曾經歷的有趣陪侍經驗。例如，伊藤笑子就曾接待三位有趣的大兵。這些大兵非常開朗，但一聽到軍樂時就馬上立正站好，讓笑子非常感動姐，在法律上也不能進行性交易行為。而且更重要的是，「女陪侍」在法律上是被認可的合法職業型態。不管你是去南京東路上最高級的八樓援助失學少女，或是去南部鄉間最簡陋的越南店進行國民外交，裡面的小姐於本業上頂多就是陪你唱歌聊天喝酒擲骰子。她們都和日據時代的女給一樣，於法律層面上就只能和客人搞曖昧，向客人撒嬌討禮物，或遊說客人多喝幾杯咖啡、多開幾瓶酒以賺取抽成。當然，這群浪漫化女給的人或許會反駁說，日據時代有些女給咖啡館還是高級的文人社交場所哩！拜託喔，戰後一堆高級招待所不也是有小姐作陪，同時也是高級的政商社交場所嗎？

簡單來說，女給就是女陪侍，幹的就是坐檯的業務。她們如同酒店、摸摸茶的小姐一樣，按規定不能進行性交易，但販賣的也都是曖昧的情色感受，無須被刻意浪漫化。此種情色咖啡館文化於一九三〇年代達到顛峰，但當時台北市還存在許多可供男人玩樂的情慾遊憩場所，所以情色咖啡館只能被視為整體情色產業的一部分。曾有人說，咖啡館以及女給文化於一九三〇末期逐漸被喫茶店清新的氛圍取代，因而沒落。但鬼王我想指正的是，一九四〇年代日本開始陷入戰爭的泥沼，整個國家社會管制越來越嚴格，經濟情況也大不如前。於此情況下，情色產業沒落只是剛好而已，不太可能是因為喫茶店清新的氛圍勝出所致。一九四三年總督府甚至還明令禁止女給這個行業。

雖然戰爭造成情色咖啡館的式微，但男人的本性是不會因為戰爭而改變的。從戰後開始，情色咖啡館又再度死灰復燃。此種坐檯的模式不但存在於酒店、咖啡館、茶室內，居然連非都會地區的冰果室女服務生也能陪客人坐檯。當時報刊社論就批評：「像現在這樣，喝一杯咖啡，就置

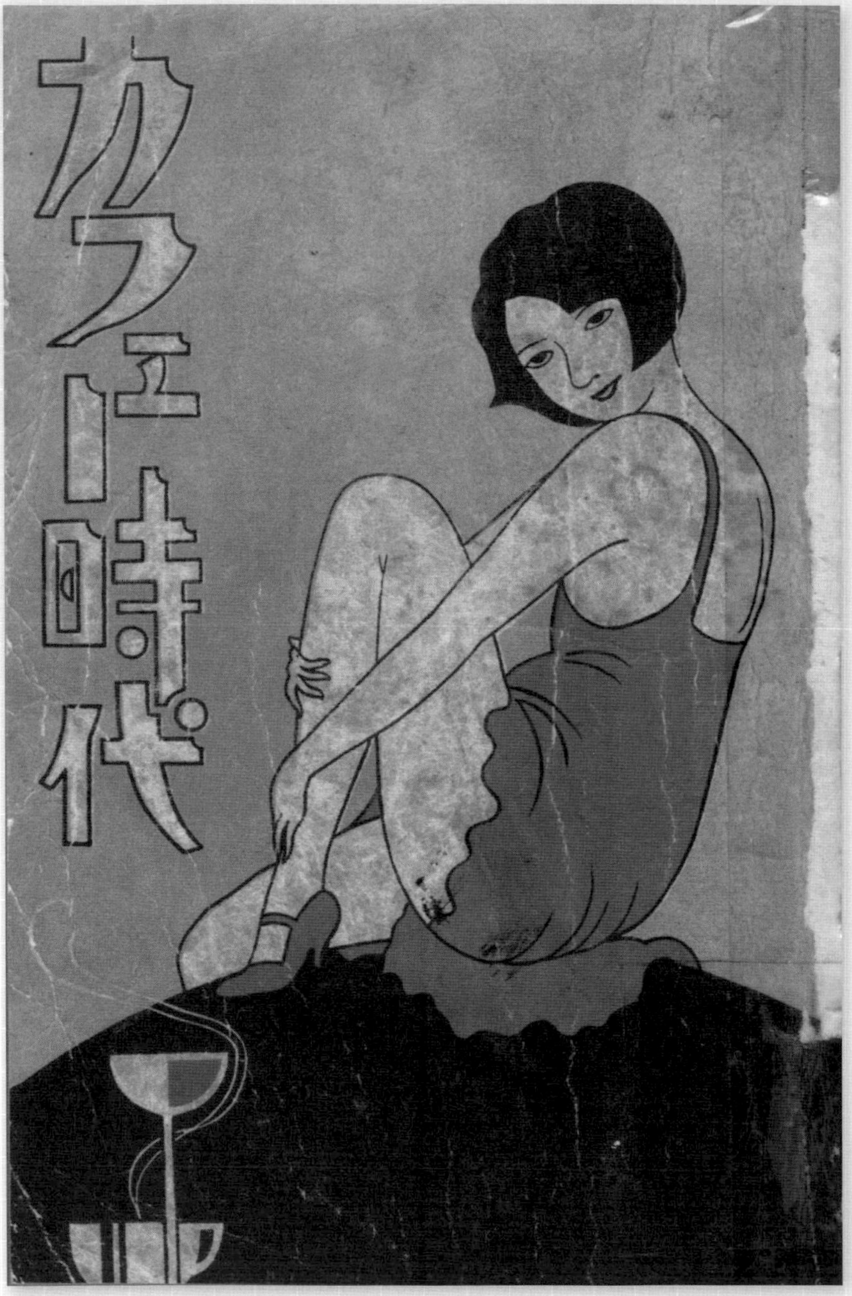

女給是大正、昭和「咖啡時代」的符號象徵。

身於人肉市場；吃一盤刨冰，女招待就走過來坐到你的大腿上，而且窮鄉僻壤都有這種生意，實在是不成話說。」連吃個剉冰都能點妹妹作陪，實在是太有創意。就不知道如果加煉乳，作陪妹妹能抽多少錢就是。

其實上述衛道人士的批評不難理解，一九五〇年代初期的兩岸局勢可說是非常緊張，當時政府整天高喊隨時要準備反攻大陸，對於經濟活動的管制極為嚴厲。一九五二年八月，政府頒布了〈戰時生活節約運動實施辦法〉，除了要求日常服裝儉樸、減少公私宴會、節約餐點，更嚴格限制酒樓、咖啡館的開設。此外，政府為節約外匯，更將咖啡列為「奢侈品」，關稅高達百分之一百二十。由於咖啡館於日據時代就帶有情色性質，所以戰後政府便將咖啡館列為特種營業場所，屬於「特種咖啡茶室業」，營業稅也比一般行業高出許多。但值得注意的是，當時法令對「特種咖啡茶室業」的定義為：「只提供場所，備有服務生陪侍，供應飲料之營利事業。」換句話說，咖啡館提供坐檯小姐服務是合法的營業行為。因此，儘管衛道人士難以容忍情色咖啡館的存在，卻也拿它沒轍。

咖啡館被列為特種營業的問題，後來也困擾許多真正的「純」咖啡業者。由於早期就將咖啡館、咖啡廳列為特種營業，而特種營業的稅率很高、要繳的稅很多，導致那些只想賣純咖啡、根本不想牽涉色情營業的人，就真覺得自己很衰，辦理營業登記時只好將營業項目登記為「冰果店」。搞到後來，想做正經咖啡生意的人，只能將自身違法登記成掛羊頭賣狗肉的冰果室，但合法登記為咖啡店的多半私下都有在做黑的。

戰後一九五〇、六〇年代比較著名的情色咖啡館主要分布於西門町萬國戲院周遭，例如「麗宮咖啡館」、「路妮娜公共茶室」、「夢露咖啡館」和「夜金門咖啡館」等。情色咖啡館的特色就在於燈光非常幽暗，座位都是雙人卡座沙發，民間均俗稱此為「鴛鴦座」。年輕男女在這要親親抱抱摸摸都沒問題，反正燈光很暗。當時還有人說咖啡館幾乎已經暗到伸手不見五指的狀態，所以幹啥別人也看不見。當然啦，大家也在忙著幹自己的事，也懶得管別人，所以真的不用在意會不會被看見的問題。

咖啡館內除了有咖啡、紅茶以外，有的咖啡店還有供應黑松汽水、牛奶與三明治。其實咖啡館與茶室賣的東西可以說大同小異，而且兩者同樣都不能賣酒。由於菸酒專賣制度的影響，商家均需擁有菸酒販賣許可執照才能在店內販賣菸酒，因此咖啡館與茶室並無法提供酒精飲料。這時候問題就來了：有些客人很盧，堅持粉味一定要配酒時，該怎麼辦？別擔心，這些在門口攬客、坐檯的女服務生會親自帶你去附近合作的雜貨店買酒回來咖啡店或茶室內喝。可見「上有政策、下有對策」這句話確實是真的。

既然情色咖啡館賣的不是「純咖啡」，價格當然也不便宜。以一九五〇年代中期的咖啡館為例，當時一杯咖啡要價八元，其中店家實收六元，小姐抽二元。當時看場電影的票價大約三元左右，男性理髮一次約五元，而雲林縣政府普通職員的薪水每個月差不多二、三百元。假設你現在是月入四萬元的上班族，喝杯情色咖啡就差不多一千二百元。相較之下，情色咖啡真的不便宜。而且咖啡喝完後，小姐必定會慫恿續杯，若沒辦法把持得住，可能把整個月的吃飯錢都喝光了。

另一方面，其實對多數人而言，坐陪並非太嚴重的問題。戰後情色咖啡館之所以令人詬病，主要是私下違法性交易的問題。儘管坐檯是合法行為，但許多小姐為了賺更多的錢，和客人喝咖啡時便會慫恿對方外出進行性交易，咖啡館老闆娘也樂於協助媒介這樣的勾當。當時性交易的價格介於一百至一百五十元之間，老闆娘可抽四十元。換言之，咖啡館老闆娘同時兼具老鴇和三七仔的角色。當然，台北是首善之區，經濟發展水平高，價格比較貴一點。在同時期，雲林縣虎尾鎮的「天天茶室」，性交易的價格僅有五十元左右。

情色咖啡館打著合法的招牌，私下卻進行非法性交易，已經讓衛道人士很感冒了。不過一九五六年頒布的〈台灣省管理妓女辦法〉，反而讓問題更加雪上加霜。〈台灣省管理妓女辦法〉主要目的就是要將合法公娼納管，合法公娼必須靠掛在合法的妓女戶內，而且這些妓女必須按時進行身體檢查，以防止她們進行性行為時傳染性病。但當政府親自界定何謂「合法」的公娼後，未登記納管的妓女戶在法律上就被視為「非法」的私娼與私娼寮。此時政府就有義務與責任取締非法的私娼寮與私娼，以保護合法業者。然而，非法妓女戶被迫關門後，大批私娼只好化明為暗轉入情色咖啡館內重操舊業。根據報載，當時西門町的情色咖啡館都至少有二、三十名小姐，年齡從十五到三十歲不等。更誇張的是，某些咖啡館甚至出現直接在店內進行性交易的狀況，不像過去還遮遮掩掩、刻意帶出場再進行性交易。

情色咖啡館的惡名顯然讓衛道人士很不爽，當時甚至連台灣省議會都提案要求政府「加以禁止或予以適當之處理」。但也有藝文界人士從人道主義的角度出發，認為這些女陪侍必定都有段悲慘的過去與難以言喻的苦衷，只好淪落於風塵。一九五八年，文藝界人士即共同創作了一齣舞

咖啡館
與
「咖啡女郎」
◎老闆好賺錢
◎零落無花語

黃色咖啡廳在臺中市一度如雨後春笋，紛々設立，到了去年之間，市議會通過一項決議，除現有的咖啡廳和酒吧加強管理外，新設立的咖啡暫時停止許可，但一般『純喫茶』的咖啡室例外，据說：市議會的這一項決議案是根据省方的加強酒吧茶室管理辦法而作的，但是中市現有咖啡廳和酒吧業者，亦曾經一番的活動。

黃色咖啡廳是不是可以賺錢，當然要看它的開設地點，設備和咖啡女郎陣容而定，在臺中市區中心幾家黃色咖啡廳的確有人發了財，但是也有人賠了本，有一個咖啡廳的老板祗經營了兩三年，就賺到一筆可觀的錢，他把咖啡廳出讓別人，做其他生意謀發展，另有一家咖啡廳的老板做了沒有幾個月，沒有辦法支持下去，也把店轉讓別人，到別的地方當夥計去，這就是幸與不幸的事例。

黃色咖啡廳的賺錢，根据業者的說法，主要的是決定在咖啡女郎的陣容。聽說：發了財的老板，在當時有六個咖啡女郎幫了很大的忙，老板對這六個小姐另眼看待，照顧她們的吃和穿，怕她們被別的咖啡廳搶走，這六個女郎無論面貌，身材風度都不亞於舞女和酒女，她們能[illegible]酒，跳舞和迎合各種各樣的顧客，難怪咖啡廳老板不能不愛護備至。

開設一家咖啡廳房屋不算，裝置費用大約要十萬元以上，最主要的是冷氣設備和電話，如果這些設備生意就很難做，現代人人都講究享受，大熱天誰願意坐熱[illegible]

戰後，咖啡廳的形象極差，媒體甚至稱之為「黃色咖啡廳」。

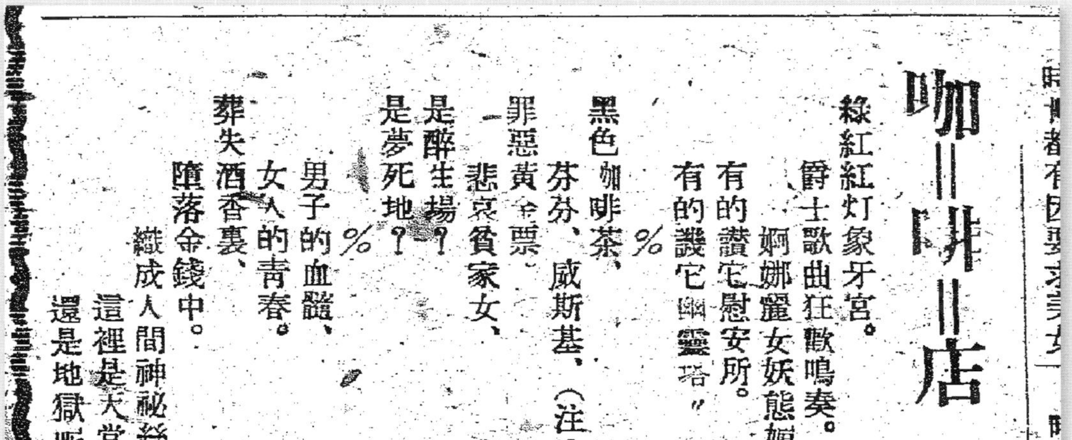

咖啡店

李雲

綠紅紅灯象牙宮。
爵士歌曲狂歡鳴奏。
婀娜羅女妖態媚人。
有的讚它慰安所。
有的譏它"幽靈塔"
%
黑色咖啡茶、
芬芬、威斯基、（注：酒名）
罪惡黃金票、
—悲哀貧家女、
是醉生場？
是夢死地？
%
男子的血髓、
女人的青春。
葬失酒香裏、
墮落金錢中。
織成人間神祕絲網、
這裡是天堂？
還是地獄呢？
%

情色咖啡館成為文人賦詩的主題，「有的讚它慰安所，有的譏它幽靈塔」，可見其社會形象和毒品不相上下。

台劇〈咖啡女郎〉，講述這群咖啡女陪侍不得不兼職操賣靈肉的故事，進而描繪她們悲慘的人生故事。當然，結局必定是最後女主角終於擺脫慘無人道的生活，從此展開全新的人生啦！倘若衛道人士認定咖啡館是在做黑的，省議會的提案也認定咖啡館是在做黑的，即便是擁有人道主義情懷的藝文界人士，他們創作出的舞台劇也是在講述咖啡館內的黑暗故事，可見當時咖啡館的名聲已經黑到伸手不見五指的程度。

咖啡館的名聲之所以惡名昭彰，除了裡面存在著做黑的情色勾當外，另一方面則在於它又是是非之地。一直到一九七〇年代，報導不時會出現與咖啡店小姐相關的社會新聞。通常這類新聞不外乎咖啡店小姐愛上有婦之夫，兩人因此私奔；或咖啡店小姐被渣男騙財騙色，跳河或吃安眠藥自殺。更常出現的是兩個男人為了同一位咖啡女郎爭風吃醋，在店門口大打出手、甚至互相砍殺。但這些咖啡店小姐也並非每個人都單身，有些人也是為了生計，在先生或男友的同意下，下海當咖啡店小姐，但這類案例同樣也會爆出社會新聞。就曾有位先生失業，太太為了家計只好下海去當咖啡店小姐。之後因先生懷疑太太與客人有染，搞到夫妻雙方時常大吵大鬧。某次雙方爭吵，先生一氣之下就拿起水果刀將太太的鼻子給削了。

其實大家若有機會詢問超過七十歲以上的長輩，相信很多人對於咖啡廳還是保有惡劣的印象，直至一九八〇年代，這樣的惡劣觀感仍然很普遍。例如，萬仁於一九八五年拍攝的電影〈超級市民〉中，從高雄北上尋找妹妹的李志奇就是在西門町的蜂島咖啡館內遇見飾演應召女郎的蘇明明。從電影劇情的鋪陳就讓人感覺蘇明明時常會出現在咖啡店內，有時是去買洋菸（當時洋菸尚未開放進口），有時是在那與恩客喝咖啡聊天，有時則是無聊時到咖啡店打發時間（嗯，蘇明

影響社會風氣的三個漏洞
舞場●歌廳●咖啡館
本社記者 龍

情色咖啡館肇事不斷，因此被認為與歌廳、舞廳同等級的風月場所。

黃色咖啡女郎 談眞假立委案

因斷財路終鬧出來

【本報臺北七日電】眞假立委一案中，現在已變成帳幔低垂幽黑一片的黃色咖啡館中咖啡女郎們談話的資料，但她們談到這個問題時却是輕悄悄的。因爲她們已得到老板們的警告，對這種事不要談得太多。昨天晚上有一位咖啡館的經理，悄悄的向記者說：被地檢處作爲證人傳詢的茶室老板鄭金柱、池木杰及萬榮銓等三人，已不敢露面，這三人是本案的檢舉人，他們與茶室業公會理事長楊朝開間有一段恩怨。現在這三人受到了壓力，他們爲了個人的安全，已經避而不見，昨天下午曾有人在西門看到鄭金柱，但轉瞬間鄭就不見了。這一案件的人，他怕惹起許多麻煩而躲了起來。

這位瞭解咖啡館行情的人說：他也是茶室公會會員之一，當時的確在每家咖啡館收五百元，三百元不等，由楊朝開領頭往各家咖啡館拜訪，來拜訪的除了領隊之外，還有延平北路「薄刀黨」的老大，人們叫他爲阿土，這個「廈門幫」旗下人物，體格魁梧，陪着楊朝開等到每家咖啡館拜訪。他從不講話，祇是一聲不響的坐着，但是咖啡館的人看到他，都要讓他三分，所以不論怎麼樣錢只好繳了出來。

這位熟悉咖啡館行情的人說：臺北市黑色咖啡館有數十家之多，當時警察取締嚴格，每家老板都惶惶々不可終日。他們風聞警察要作「趕盡殺絕」的掃蕩工作，在當時卽使是要每家拿出兩千，他們也不得不幹。何況是「阿土」陪了楊朝開而來。據說有幾家咖啡館因生意不好，當時繳不出錢，但不旋踵阿土又來了，他們最後終於繳出了這筆錢。

這事過了沒有幾天，茶室業爲了「應變」，會在民衆團體活動中心四樓召開大會，邀十餘家咖啡館老板聚集一堂，當時理事長楊朝開曾介紹一位高大的陌生人與大家見面，楊朝開曾說：「這位是立院某委員，我們要勞駕他往有關方面活動。」楊說這位委員與省議會方面相當熟悉……。

這位咖啡館老板說：他還記得這位委員說話是廣東口音，人高馬大，他說他如果看到他，他會認識他的。他又說：茶室業公會的法律顧問也是一位立委，並非這個在民衆中心說話的那位立委。

目前許多咖啡館的老板，多不願意談這件事，大家拿出幾百元，只是化錢消災，錢已拿出去又何必再談？何況每家頂多出五百塊錢，這數目也不大，萬一「阿土」出面，白刀子進，紅刀子出，那就更麻煩了。

明真的很正——）。整部電影中曾出現在蜂島咖啡店內的角色，除了嫖客，就是不良少女，或是不知為何沒在學校乖乖上課、卻在西門町賣口香糖的小學生兄妹。感覺起來，會出入咖啡店的竟沒有一位是多數社會大眾眼中的「正常人」。

另一項導致咖啡館直到一九八〇年代還被污名化的原因則在於電動玩具的興起。一九七〇年代晚期、八〇年代初期，台灣曾出現所謂的「小蜜蜂咖啡廳」。但小蜜蜂基本上和咖啡或飲料沒啥關係，也並不是指說這些店家老闆工作非常勤勞，整天嗡嗡嗡，反而是因為店內放置了小蜜蜂電動玩具，所以才被稱為小蜜蜂咖啡廳。

話說當時才開始出現的電動玩具，與後來的掌上型電玩非常不同的是，早期電動玩具都非常大台，遊戲種類卻非常簡單，主要就是小精靈、小蜜蜂與迷魂車（又俗稱「放屁車」）三種。這些電動玩具能做成直立型或桌檯型兩種型態，電動玩具店內擺放的大都是直立型機台，許多咖啡廳則會放上好幾部桌檯型電動玩具，一來可當桌子使用，同時又能吸引想打電動的客人進來消費。大家也知道，打電動的人都會有挑戰破關的慾望。這些人進去咖啡店坐好，飲料和菸灰缸就放在機台上，邊打電動邊喝飲料非常愜意。而他們為了過關斬將，經常一坐就好幾個小時，也花掉不少錢。對於店家來說，這些客人不但會買飲料，還會花錢打電動，比起那些只買杯咖啡就坐一下午的客人好太多了，所以此種經營型態受到許多咖啡廳歡迎。

不過，現代年輕人打遊戲還可以打到國際比賽為國爭光，但四十年前社會多普遍認為電動玩具不是什麼好東西。大家都認為，學生若沉迷於電動玩具，不僅浪費零用錢，還會荒廢課業。而成人若沉迷於電玩，就表示這個人未專心工作，或是愛亂花錢。在此情況下，大家對咖啡廳的印象也不會好到哪裡。

當然細心的讀者必定會追問：難道沒有正常點、高雅點、逼格夠的文人咖啡廳嗎？其實帶有高尚幽雅、深沉思想特徵的文青咖啡館仍舊存在著。日據時代的波麗路、天馬茶房就是充斥文藝青年與作家文人的地方，而戰後位於台北市武昌街的明星咖啡館，則因為詩人周夢蝶在樓下門口擺設書報攤而聲名大噪，之後包括白先勇、施叔青、隱地、三毛、柏楊等人都先後在此工作寫稿。所以，就文化階層與知識份子而言，他們對咖啡館的記憶與想像可以說是承續了巴黎浪漫的文化沙龍傳統。但這群人終究只是人數非常少、群體非常微弱的小眾。這群人與為數不多的這幾家咖啡店對於整個咖啡產業的發展，基本上是毫無任何影響力可言。

台灣人對於咖啡館印象的整個改觀，應該是一九八〇年代中期以後的事情。先前說過，雖然一九六八年咖啡進口關稅的調降，成為壓垮斗六咖啡工廠的最後一根稻草，但也因為咖啡豆進口成本的大幅下降，慢慢推動了咖啡廳的設立。此外，某些日式料理店與西餐廳也開始將咖啡列為飯後附餐。曾在咖啡工廠工作的黎維槍就回憶道，他以前上台北出差時都會刻意去某家日式料理店吃定食套餐，其真正的目的並非餐點本身，而是為了享受餐後附上的咖啡。不過，關稅下降雖讓咖啡店逐漸變多了，還使其成為餐廳飯後的附餐飲料。但真正讓多數民眾習慣咖啡滋味的功臣，還是要歸功於大眾化罐裝咖啡的出現。

波麗露不僅是咖啡店，也是台灣第一家西餐廳。

其實早於一九七六年初味王公司就率先推出台灣第一支罐裝咖啡飲料「金咖啡」，同年五月八日位於高雄的上才國際企業公司也推出了「金咖啡」。但當時的罐裝咖啡與其說是咖啡，不如說是「咖啡牛奶」。記者就評論：「都是全糖，味道滿甜的，而且也加了一點牛奶。」此外，或許是售價的原因，導致民眾「仍停留在咖啡是昂貴奢侈飲料的印象，因此，市場拓銷不易，而使得整個業務停頓下來」。後來一九八二年五月金車公司推出「伯朗咖啡」時，由於台灣經濟情況已增長許多、人均收入與過往相較已大幅成長，在主客觀條件的配合下，伯朗咖啡才上市不久，就廣受歡迎。過去貨車司機只能靠檳榔提神醒腦，自從罐裝咖啡推出後，由於它的輕便性，深受中下勞工階層的歡迎。當時北部許多大型傳統市場的公共廁所都會承包給特定人士經營，這些人除了協助清潔打掃外，還會在門口提供衛生紙、收取入廁費用。此外，他們還會販賣伯朗咖啡。通常一大清早各地貨車司機將貨送到市場後，還不忘帶罐伯朗咖啡走。伯朗咖啡的銷路可以說是好到嫑嫑的，時常一個早上就可賣掉十多箱。一九八三年一月十一日由國民消費協會和中華日報社聯合主辦的「全國食品品鑑會」，伯朗咖啡還榮獲優良產品特優獎。

伯朗咖啡大獲成功，同時也開拓了罐裝咖啡飲料的市場。一九八四年時，業界就粗估台灣的咖啡飲料市場每年約有十至十五億的規模，許多食品與飲料廠商因此相繼投入生產。一九八五年五月七日黑松公司的「歐香咖啡」上市，並大手筆斥資請來當紅歌星葉璦菱拍攝電視廣告CF，葉璦菱從此擁有「歐香女郎」的封號。同年六月四日，日本最大的咖啡製品公司「上島咖啡株式會社」（當時佔日本咖啡製品市場佔有率達百分之四十），看好台灣咖啡飲料市場的潛力，因此與味全公司共同投資新台幣三千萬元設立「優仕咖啡股份有限公司」。除了伯朗與歐香咖啡外，當時市場還同時存在愛瑪咖啡、羅莎咖啡與統一咖啡等，共同廝殺競爭。

今年的歐香
很威尼斯
浪漫的水都——威尼斯，
還沒去過嗎？
無論如何，
想像一下吧！
聖馬可教堂、大運河、
嘆息橋、扛多拉……
嗯～
蠻不錯的！
歐式品味，香醇浪漫
黑松股份有限公司
OCEAN COFFEE
歐香 咖啡

1985 年，歐香咖啡找來歌星葉璦菱擔任廣告主角，當時製作團隊特別前往巴黎實地拍攝廣告 CF，廣告以葉璦菱的新歌〈我想〉作為配樂。而葉璦菱配合廣告又另外錄製另一版本，將「我想」唱成「歐香」。其後廣告不斷強力播送，馬上確立了品牌的知名度，從此葉璦菱被稱為「歐香女郎」。

右：文章是 1980 年代著名的男歌星，嗓音渾厚，歌曲多觸及大山大河與浩瀚歷史，如〈三百六十五里路〉、〈古月照今塵〉、〈望天〉等。因此，文章的人設非常符合 UCC 早期所設定的世界、天涯海角、萬里路的產品定位。

左上：1990 年代羅莎咖啡風靡一時，該公司的「阿薩姆奶茶」更曾是人氣商品，但 2010 年代起因經營不善而斷貨。

左下：早在 1970 年代麥斯威爾三合一咖啡就進入台灣，但銷售狀況不甚理想。直到 1980 年代找孫越代言，創造出著名的廣告金句「好的東西要和好朋友分享」，市場才逐漸打開。

另一方面，相較於食品加工業生產的罐裝咖啡，咖啡館內現煮咖啡的價格也於一九八〇年代中期開始大幅下降。一九八二年來自日本的雲雀集團（Skylark）在台投資一億兩千萬元，成立芳鄰連鎖西餐廳。在一九八九年的全盛時期，芳鄰共有二十三家連鎖店。芳鄰提供的是中價位的日式西餐，偏向家庭式餐廳（family restaurant）的風格。但與當時台灣其他西餐廳不同之處在於，芳鄰餐廳內的熱咖啡每杯只要七十元，而且店員會拿著咖啡壺在店內不斷巡視，提供免費無限續杯。一九七〇、八〇年代通常在咖啡廳或飯店內點杯咖啡，至少都要百元以上。相較之下，芳鄰每杯咖啡僅要七十元，還能無限暢飲，可以說是便宜又大碗。一九八四年開始引進台灣的美式速食餐廳，同樣也是美式淡咖啡的大推手。其後麥當勞也曾推出咖啡免費續杯的優惠，這項優惠一直實施到二〇〇七年年底。

一九八〇年代也是台灣民間游資充沛，股市熱絡，史稱「台灣錢淹腳目」的時代。每天下午股市結束後，股民們就會聚在一起看剛出刊的晚報，共同分享情報。正因為如此，某些商人看準了股民商機，就在證券公司外開設平價咖啡店。各咖啡店激烈競爭下，咖啡價格甚至降到每杯只要三十五元的超低價位。咖啡價格降低以及平價咖啡店如同雨後春筍般地出現，一方面推動咖啡的大眾化，另一方面也逐漸改善過去社會大眾對咖啡館的惡劣印象。早期情色咖啡館與小蜜蜂咖啡廳的經營型態也因此難以為繼。

一九九八年三月二十八日，由統一企業、統一超商合資成立並與美國 Starbucks Coffee International 公司共同投資的統一星巴克股份有限公司，在天母開設了台灣第一家星巴克咖啡，推動義式精品咖啡的風潮。短短四年間，星巴克在台灣就開設了一百家分店。面對國際連鎖咖啡集團大軍壓境，本土咖啡館店面逐漸轉進至都會區的巷弄內，透過個性化的裝潢風格、非主流的店內背景音樂品味以及用粉筆書寫在黑板上的Menu，試圖與星巴克的都會白領受眾互相區隔。此種所謂的文青咖啡館的崛起吸引了反全球化左膠文青的擁戴。

如今咖啡已成為許多台灣人日常生活不可或缺的部分，不管是趕著打卡的社畜於上班途中先在公司樓下小七買杯咖啡，或是表面交心私下卻永遠互罵的閨密下午茶，或保險業務員與客戶相約於便利商店座位區的商談，到處都能看見咖啡的身影，咖啡已是平凡到不行的存在。綜觀人類飲食史，能同時被賦予情色感、高逼格、提神劑與社交性等多重功能與身分的玩意兒，可能就只有咖啡了！

13

華西街殺蛇與美帝阿兜仔的陰謀

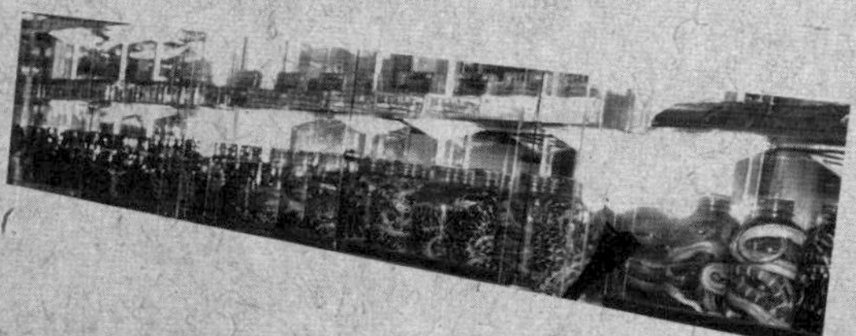

13

二〇二一年五月上旬，新冠肺炎因華航機組人員成為破口後，終於在台灣爆發；之後，家住蘆洲的五股獅子會前會長確診。就當中央流行疫情指揮中心公布他的足跡後，因其強大的傳染力與足跡遍布雙北與桃園所展現的旺盛精力，因此被網友尊稱為「獅子王」。而五月十三日中央流行疫情指揮中心指揮官陳時中曾表示，獅子王與萬華茶藝館（俗稱阿公店）的確診小姐曾有「人與人的連結」。整個社會對萬華究竟咋樣的魔幻境地突然間都好奇了起來。此時沒去過萬華的紛紛帶著有色的眼光胡猜亂想，至於有去過萬華的，也同樣帶著有色的眼光胡說鬼扯。

其實，對於許多老台北人而言，以龍山寺與華西街構成主要核心的萬華商圈，早期除了暗巷內充斥公娼館與流鶯外，其最生猛夠力的一面反而是搭配脫衣舞叫賣的成藥，新貨永遠源源不絕的盜版A片光碟，以及當街殺蛇或展示蛇鼠大戰的光怪陸離景象等。而當街殺蛇秀不僅本地民眾愛看，更成為台灣進行國際觀光宣傳的賣點之一。可惜的是，華西街夜市內如此粗獷且直接的野蠻勁道早就二十年前就已逐漸消散，華西街最後一家蛇肉專賣店「亞洲毒蛇研究所」也已於二〇一八年五月二十一日結束營業。但或許多數人不知，華西街最讓人嘖嘖稱奇的當街殺蛇，當初之所以銷聲匿跡的主因是和美帝阿兜仔息息相關。

每次牽扯到農業議題時，台灣一堆左膠文青覺青憤青就會怒罵一切都是瞎米資本主義體系美帝搞的鬼，彷彿台灣一切禍害都是美帝造成的一樣。當然啦，當他們如此毫無創意謾罵時，手上拿的也是美帝的哀鳳手機，抒發的版面也是美帝創造的FB，用著最能彰顯全球化特質的事物來咒罵全球化，這部分我們就不細談了。但他們永遠也不能理解的是，台灣之所以出現「動保」，農委會之所以開始注重動物保護，其實是美國壓迫所致。科科，很奇怪吧！如果動保也是種進步價值，而這種進步價值居然是美帝發動的。

過去華西街為何好玩？就是因為它有夠亂、有夠雜，甚至是有夠誇張。但其實現今的華西街和三十年前的景致早已大相逕庭，空氣中飄散的敗德腐化成分更是稀薄到足以讓人窒息。

早期華西街除了寶斗里內的公娼與流鶯外，最為聳動的莫過於當街殺蛇的表演。在我們的傳統文化中，蛇的形象一直很差，總是邪惡的化身。你想想看，如果蛇的形象夠好，為何大家都習慣將蛇稱為小龍，而不是把龍稱為大蛇呢？而鬼王我自己對蛇也非常恐懼厭惡，由於鬼王有「密集恐懼症」，看到蛇皮上密布的紋路，就如同見到草莓上密密麻麻的小點點放大一百倍的效果，立即覺得頭昏眼花噁心、暈眩想吐。說得精準一點，就是當大家覺得草間彌生的超密集圓點點是藝術時，鬼王我感受到的卻是草間彌生在草菅人命。

雖說喜歡蛇的人很少，但傳統食補的藥膳文化卻認為蛇是個好東西。首先，民間普遍認為，蛇湯有解毒的功效，可以治療皮膚病。話說鬼王我的二哥從小就長了個癩痢頭，鬼王的娘每個星期都會帶他去喝蛇湯，甚至是買蛇肉回來燉湯給他喝。根據鬼王的娘說法，鬼王我二哥的癩痢頭就是喝蛇湯喝好的。

除了解毒的功能外，蛇肉也被認為有壯陽補腎的效果。至於蛇肉為何能壯陽呢？原因很簡單，因為某些蛇愛愛時，兩條蛇可以互相纏綿長達數小時之久。例如，四川成都動物園飼養的黑眉錦蛇，牠們的交配時間就長達十三小時。你想想看，蛇進行蛇與蛇的連結要能長達十三小時，

13

華西街蛇肉店的牆上擺放著一罈又一罈用毒蛇泡的藥酒。在那用餐，吃的是刺激與生猛。

體內必定得具備能讓牠們金槍不倒的神奇元素。因此，只要把整條蛇的重要部位都吃下肚，這樣的元素也就能順勢進入我們人體，當然就產生補腎壯陽的效果。

此外，公蛇的陰莖呈現Ｙ字形，也就是頂端有兩支「半陰莖」，交配時則使用其中一支半陰莖即可。簡單來說，就是一支大ＧＧ上有兩支小ＧＧ，而兩支小ＧＧ還可輪流使用、依序換班。若從「以形補形」的概念出發，用有兩支ＧＧ的蛇來補只有一支ＧＧ的人類，當然會有加倍功效啊！

既然吃蛇的好處多多，傳統中華飲食文化也就將蛇肉當成不可或缺的食補藥膳。像是在最會吃、最懂得吃的廣東，將蛇肉、貓肉一起炒來吃，這道菜就叫「龍虎鬥」。如果再加上Ｇ肉，就稱為「龍虎鳳」。泥砍砍，廣東人將名字取的多好聽啊！至於台灣，吃蛇肉的方法就比較單純，主要是清燉（當然可能還是會加點當歸、枸杞這類中藥材），和下水湯的煮法差不多，鄉下有些人則會煮十全大補。但鬼王我非常討厭藥膳，所以不愛十全大補。

雖說講到蛇肉，大家直覺就想到華西街。但其實台灣到處都是山林原野，各種有毒或無毒的蛇其實很多（有人記得一九八三年曾有部電影就叫《人蛇大戰》嗎？），所以早期台灣賣蛇肉湯的地方並不少，而鬼王我娘帶鬼王我二哥來喝蛇湯的地方就是在木柵農會附近。沒錯，就是現今被大家視為文教區的木柵。更神奇的是，台灣早期還有所謂的「蛇市」，包括屏東恆春後車站、花蓮玉里與宜蘭南澳，都是重要的交易市場。蛇的交易不僅量大，各種蛇的種類也非常多樣。

至於華西街啥時成為外國人眼中著名的蛇街（Snake Alley）呢？鬼王手上並沒有明確的資料記載，但可推估起來，一九五〇年代時，華西街就已經是台北市政府劃定的風化區。當然附近有各種小吃攤、商家與泌尿科診所，因此最遲在一九六〇年代就已出現蛇肉店，而著名的蛇店「亞洲毒蛇研究所」與緊鄰的「中美毒蛇研究所」，都是在那個年代所創立。

不過，當初「亞洲毒蛇研究所」與「中美毒蛇研究所」還曾多次造成附近居民的困擾。啥困擾呢？原來關在店內鐵籠內的毒蛇不時會發生脫逃事件，搞到附近民眾人心惶惶。話說一九七一年七月底，就有十幾條脫困的雨傘節在華西街上與民宅內流竄，導致居民的困擾。管區的桂林路派出所警員除了協助幫忙搜尋圍捕外，實在不知該如何是好。最後只好建議民眾，「因為鵝有治蛇之能，附近居民如環境許可，不妨養一兩隻公鵝，可防蛇類竄入屋內。」

華西店的蛇肉店除了賣蛇肉以外，最讓人稱奇的莫過於在店門口的殺蛇秀了。鬼王一直認為，華西街蛇店將飲食與表演充分結合，可說是台灣人的創舉。你想想看，KFC或胖老爹曾在店門口表演殺G嗎？貴族世家會在店門口當場宰牛給你看嗎？即便是香港中環著名的「蛇王芬」飯店，賣的雖是蛇肉羹，但店門口也沒殺蛇表演。換句話說，台灣人的文創精神早在半個世紀以前就已充分展露。而在消費者面前當場宰殺，等於是讓食物的生產過程充分透明化，充分符合企業主動公開揭露訊息的社會責任，讓大家知道絕對沒有添加防腐劑或啥的，這也符合現今的文青飲食觀！

華西街蛇店的殺蛇秀，並非隨時都能看到的，通常在傍晚時店家才會出來表演，順便吆喝招攬顧客。表演開始時，主持人會將蛇吊掛在店門口的鐵架上，將蛇頭用麻繩或尼龍繩綁住，然後拿出非常銳利的剪刀，刺進蛇身，剪開蛇皮，迅速往上推進。當剪刀推至蛇身上端約三分之一的位置時，就會碰到蛇心了。此時主持人便將蛇心與動脈掏出蛇身外，同時準備好那令人懷念的五百CC透明果汁玻璃杯，玻璃杯內則盛滿了酒。此時剪刀在動脈處一刀劃下，紅紅的鮮蛇血就會流進玻璃杯內了。當鮮血流盡後，剪刀再繼續往下劃，同樣劃至蛇身下端三分之一處，就能看見蛇膽了，此時主持人則將蛇膽剪下取出，並將蛇膽剪開，讓墨綠色的蛇膽汁流入另一個裝滿酒的玻璃杯內。

所以說囉，在華西街吃蛇肉，一點也不無聊。不但可以有殺蛇秀可以看，菜單選項也是多樣百搭。其中除了蛇肉湯以外，你還能搭配蛇精液、蛇血酒、蛇膽汁，甚至是蛇毒液。因此通常大家都會吃「蛇肉湯、蛇血酒與蛇膽汁」的套餐，要價也才兩、三百塊錢而已。而坐在殺蛇店內用餐時，餐廳牆面櫥櫃則擺放著一瓶又一瓶用各種毒蛇泡製的藥酒。感覺起來只要喝個幾瓶，就能讓你變成獅子王。

相信沒吃過蛇肉的鬼友們必定會追問，蛇肉的口感如何？其實蛇肉沒啥脂肪，肉也不多，吃起來就和啃G脖子差不多。你只要買隻全G，丟進滾水內煮，加點米酒、鹽與薑片（當然也可以加些當歸、枸杞之類的中藥材），起鍋後再將G脖子剁成數節，吃起來的口感就像是吃蛇肉了。

至於鬼王喝完蛇血酒之後，是否立即出現精力百倍、梆梆叫的感覺？廢話，當然沒有啊！鬼王是鬼，又不是人類。對你們人類有效，不代表對鬼也有效。如果鬼王居然變得勇猛無比，這還真見鬼了！會問這種問題的人，還不如自己去西藥房花五百元買顆威而鋼來吃吃比較實際！

隨著台灣經濟於一九七〇年代起飛、一九八〇年代快速成長，華西街可說是越來越熱鬧，聲名逐漸漂向海外。當時日本與歐美觀光客開始將華西街列為必訪的觀光景點，而某位於一九八三年前來觀光的英國作家更將華西街的殺蛇秀與特產評為「世界一絕」，可說是媲美巴西嘉年華、拉斯維加斯賭城的世界級南巴萬景點。而一九八五年台北市政府決定整頓華西街髒亂的環境，將其改建為國際級的觀光夜市。但規劃改建工程時，不管是專家學者還是官員，各界都異口同聲認為，華西街最有特色的就是蛇肉、山產與各類江湖藝人式的表演，深受國際觀光客喜愛，絕對不能消失。反正你要怎麼改都行，門面要怎麼修都好，動線要怎麼劃大家都沒意見，但殺蛇秀一定得保留下來！

由於外國人愛看，當時的台灣人也不知道是哪來的自信與勇氣，開始以華西街殺蛇而自豪。一九八八年世界環球小姐選拔在台北舉行（很神奇吧，台灣曾屌到舉辦環球小姐選美比賽），比賽過程同時透過衛星向全世界共六億名電視機觀眾直播。而主持人在訪問佳麗時，就曾詢問過她們對華西街殺蛇、台灣人吃蛇肉的看法。更神妙的是，主持人還洋洋得意地表示，我們台灣人都認為吃蛇肉可以補身。至於佳麗們怎麼回答呢？想也知道，一定是說很 interesting 呀，誰會白癡到說很 cruel 或 disgusting。

不僅世界級的選美正妹得去看殺蛇秀，連來台訪問的政要也得看一下。前新加坡第二副總理王鼎昌夫婦來台訪問時，就被安排至華西街參觀。王鼎昌除了駐足欣賞殺蛇秀以外，並被華西街的熱鬧景象，「以及稀奇古怪、五花八門的地攤貨」所著迷。

由於華西街盛況空前，每天湧入看殺蛇、吃蛇肉、喝蛇血的遊客可說是源源不絕，蛇的消耗量也就非常大，據說當時每天光是吃掉的蛇就至少有兩千條以上。換句話說，一年得吃掉至少七十三萬條蛇。雖說台灣本來就是盛產蛇的地方，長期以來就有專人在鄉下或深山中捕蛇抓蛇，供應消費市場需求。但大量捕捉的結果，導致蛇源從一九八〇年代起即出現不足的狀況。某些店家甚至認為，由於毒蛇數量減少，導致蛇湯的療效大減。而蛇血不足，一些蛇店只好兼賣鱉血來替代。

國內供應不足要怎麼辦呢？當然只好進口了。

因此，就有商人開始從中國大陸與東南亞走私蛇進口到台灣。更有趣的是，還有台灣人特地前往廣西桂林開設了一家「華〇蛇類開發有限公司」，在江西、湖南、廣西和福建的山林內抓蛇。除賣回台灣外，同時也研發各種神妙的加工品，如「蛇膽菊花茶」、「蛇脂洗面乳」、「蛇脂益膚霜」和「百步蛇油膏」等。然而，好景不常，正當華西街殺蛇、吃蛇產業的發展越來越旺之際，美國老大哥出現了，台灣的野生動物保育問題開始被關注，而農委會只好拿華西街開刀了。

從一九八〇年代晚期開始，美國突然關切起台灣的野生動物保育問題。不過這裡得先提醒各位鬼友的是，美帝關切野生動物保護也不是玩真的。你想想看，每當美帝支持的獨裁者在國內亂殺人、亂抓異議份子時，美國政府都可以悶不吭聲、罔顧人權了，請問美國政府會這麼在乎動物嗎？Absolutely No！

為何美帝突然關切起台灣的野生動物保護議題呢？這一切都是為了經貿談判！

話說隨著一九八〇年代開始，台灣對美國的貿易順差就不斷擴大。一九八一年時，台灣對美貿易順差為三十三億美元，此後開始節節攀升。一九八五年時達到一百億美元，一九八七年則又增加為一百六十億美元。過去台灣人拿阿兜仔的美援，現在自己成長茁壯了，每年又賺走美國人這麼多錢，你說美國老大哥會開心嗎？面對這種貿易失衡的狀況，美帝阿兜仔從一九八〇年代中期就開始透過經貿談判，祭出可怕的〈三〇一法案〉，要求台灣先開放農產品市場，降低關稅壁壘，不然美國就會採取報復性制裁措施。所以囉，台灣只好先後開放美國水果與火雞肉進口。當時農民為了抗議，因此於三十年前的五月二十日爆發了「五二〇事件」。

美國農產品開放進口就夠了嗎？當然不夠啊。美國為了扭轉它的貿易逆差，可說是使用各種怪招。一下說台灣未能好好保護好智慧財產權，一下就逼迫台灣調整匯率，讓台幣升值，進而降低台灣產品於美國市場的競爭力，提高台幣對美國的購買力。而最奇妙的招數，就是動用〈培利修正案〉（Pelly Amendment）。話說一九八九年年初，美國開始質疑台灣漁船在公海使用流刺網捕撈，導致海洋資源日益稀少的問題。如果台灣不好好改善，就將引用〈培利修正案〉，日後禁止台灣相關產品出口美國。

啥是〈培利修正案〉呢？簡單來說，當某些國家沒有好好做好海洋資源與野生動物保護時，美國總統就可以依據此案對這些國家實施貿易制裁。巧妙的是，同樣在一九八九年六月，「瀕臨絕種野生動植物國際貿易公約」（Convention on International Trade in Endangered Species of Wild Fauna and Flora，CITES）召開第七屆會員大會時，會中就曾討論世界各地虐待野生動物的惡行劣跡。介紹到台灣時，會場上播放的就是華西街活剝蛇皮、喝蛇血、甚至戲弄猩猩的畫面。

項莊舞劍，意在沛公。看到美國人才談完水果、火雞肉，居然又開始談漁產，台灣官員也不是傻子，知道美國人真正的目的就是要逼迫台灣進一步開放市場。這就和川普搞出來的中興、華為案一樣，美國制裁中興與華為只是手段，不是真正目的。當中國大陸提出兩千億美元的對美採購計畫後，中國國務院副總理劉鶴訪問華盛頓時，川普馬上就說中興案解除了。

不過，〈培利修正案〉可以用來解釋的範圍很廣，從漁業捕撈到犀牛角買賣，只要美帝阿兜仔不爽、抓到你的小辮子，就能拿出來玩你一下。所以說，光是改善漁業是沒啥用的。除非台灣真的能在野生動物保育這部分做出點成績，否則未來上談判桌必定是被人家電好玩的。

面對美帝阿兜仔的壓力，立法院便於一九八九年六月馬上通過了〈野生動物保育法〉，而台灣省政府則於一九九〇年初時馬上決定設立「特有生物研究保育中心」（簡稱「特生中心」）。但法律也制訂了、單位也成立了，之後要幹啥呢？總得做點事情讓美帝阿兜仔有點耳目一新的感覺吧。結果哩？結果農委會就決定拿華西街來開刀了。

大家一定會納悶，為何拿華西街開刀呢？原因無他，因為這樣做最簡單啊！

華西街蛇店內一堆眼鏡蛇、百步蛇，這些都算是野生動物。直接去查緝販賣、宰殺這些野生動物，絕對比查緝犀牛角或老虎皮走私還容易吧。但好玩的是，台灣官方似乎將心力全部放在華西街上，以為只要整頓好華西街，美帝阿兜仔就會露出滿意的笑容了。而當時的農委會副主委林享能也表示，華西街的殺蛇表演常成為外人指責台灣保育野生動物不力的口實，甚至成為一面負面展示的櫥窗。

從一九九〇年開始，官方就開始透過媒體釋放台灣毒蛇已瀕臨絕種危機，或是說華西街殺蛇其實很殘忍、會影響台灣國際形象等相關的新聞報導。一九九一年起更開始在各處舉辦野生動物保育宣導座談會，讓民眾知道野生動物很重要，要好好保護。而從一九九二年開始，官方就正式取締華西街內販賣、宰殺毒蛇的店家了。而至一九九三年後，華西街上的蛇店可說都元氣大傷。原先街上還有七家蛇店，已經被打到只剩下四家了。簡單一句話，華西街變得一點也不好玩了。

經過兩、三年的努力，農委會深信自己已交出一張漂亮的成績單，保育工作卓然有成。結果哩？結果一九九四年八月美國政府正式宣布，經過一段時間的觀察與調查，美國政府認為台灣的保育工作仍舊執行不力，決定引用〈培利修正案〉，對我國實施貿易制裁。挖勒，大夥兒忙了好一陣子，還將華西街玩殘，結果美帝最在乎的卻是老虎與犀牛皮的走私販賣。而政府邀集受害業者至經濟部國貿局舉行座談，討論對策時，農委會代表更是當場被業者們罵到臭頭！之後相關部門又前往美國疏通，做了許多工作，貿易制裁才於一九九五年六月底解除。

雖說貿易制裁解除了，但保護野生動物的觀念也已開始植入台灣人的腦袋中。更重要的是，華西街殺蛇的榮景已不復見。現在大家討論華西街殺蛇時，許多人可能覺得很殘忍很噁心，卻不知它過去還曾是台灣的驕傲，曾是拿來向國外觀光客說嘴的必遊景點。而這項如此生猛的Local特色，則因老美阿兜仔因為貿易逆差而施壓，就被國內的農政官員莫名其妙給做死了。

國家圖書館出版品預行編目(CIP)資料

懷舊黑心食品 / 劉志偉作 . -- 初版 . -- 新北市 : 黑體文化 , 左岸文化事業有限公司出版 : 遠足文化事業股份有限公司發行 , 2024.2
面； 公分 .--(黑盒子 ; 22)

ISBN 978-626-7263-41-9(平裝)

1.CST: 食品業 2.CST: 食品衛生 3.CST: 臺灣

481 112016914

黑盒子 22

懷舊黑心食品

作者．劉志偉｜責任編輯．龍傑娣｜美術設計．林宜賢｜出版．黑體文化／左岸文化事業有限公司｜總編輯．龍傑娣｜發行．遠足文化事業股份有限公司（讀書共和國出版集團）｜地址．23141 新北市新店區民權路 108 之 3 號 8 樓｜電話．02-2218-1417｜傳真．02-2218-8057｜郵撥帳號．19504465 遠足文化事業股份有限公司｜客服專線．0800-221-029｜客服信箱．service@bookrep.com.tw｜官方網站．http://www.bookrep.com.tw｜法律顧問．華洋法律事務所．蘇文生律師｜印刷．中原造像股份有限公司｜初版．2024 年 2 月｜一版二刷．2024 年 5 月｜定價．480 元｜ ISBN．978-626-7263-41-9｜書號．2WBB0022｜